1.《红书》的第 1 页，题为“来者的路”。

2. 登记号 1950-134-59 / 马塞尔 · 杜尚（Marcel Duchamp），《走下楼梯的裸女第 2 号》（*Nude Descending a Staircase, No*. 2），1912. © 2012 Artists Rights Society (ARS), New York / ADAGP, Paris / Succession Marcel Duchamp.

Höllenfahrt in die
Zukunft · cap. V.

In der folgend~ nacht war die luft
erfüllt von viel~ stim~ · eine laute
stime rief: „i' falle". andere
rief~ verwirrt u~ erregt dazw
isch~: „wohin? was willst du?" i' soll mi' dies~ ganz
[illegible] anvertrau~? mir schauderts. es ist eine grausige
tiefe. du willst / daß i' mi' d~ zufall meine~ selbst über-
lasse / d~ wahnsinn d~ eigenen dunkelheit? wohin?
wohin? du fällst / i' will mit dir fall~ / wer du auch im-
mer bist. Da öffnete d~ geist d~ tiefe meine aug~ / u~ i' erblick
te die inner~ dinge / die welt meine~ seele / die vielgestaltige
u~ wandelbare.

3.“未来的地狱之旅”的开篇，体现了荣格最初的主动视觉幻想的特征（见本书第55页）。底部的画描绘了此幻想，出自《红书》第iii页的左页。

4.“未来的地狱之旅”的进一步的细节图，呈现的是荣格的视觉幻想（见本书第 56 页）。图片出自《红书》第 iii 页的左页。

Heldenmord.
cap. vii.

5. “谋杀英雄”，呈现的是荣格杀死西格弗雷德的梦。底部的画描绘了这个梦，出自《红书》第 iii 页的左页。

Mysterium.

Begegnung. cap. ix.

In der nacht, da ich dem wesen des gottes nachdachte, wurde ich eines bildes gewahr: ich lag in einer dunkeln tiefe. ein alter mann stand vor mir: er sah aus wie einer der alten propheten. zu seinen füssen lag eine schwarze schlange. in einiger entfernung sah ich ein säulengetragenes haus. ein schönes mädchen tritt aus der thür. sie geht unsicher und ich sehe, sie ist blind. der alte winkt mir und ich folge ihm zum hause am fusse der hohen felswand. hinter uns kriecht die schlange. im innern des hauses herrscht dunkel. wir sind in einer hohen halle mit glitzernden wänden. im hintergrunde liegt ein hell wasserfarbener stein. wie ich in seine spiegelung blicke, erscheint mir das bild der eva, des baumes und der schlange, darauf erblicke ich odysseus und seine gefährten auf weitem meer. plötzlich öffnet sich zur rechten eine thür in einen garten voll hellen sonnenscheins. wir treten hinaus und der alte spricht zu mir: weisst du, wo du bist? I: ich bin hier fremd und alles ist mir wunderbar, ängstlich wie ein traum. wer bist du? E: ich bin elias und dies ist meine tochter salome. I: die tochter des herodes, das blutrünstige weib? E: warum urtheilst du so? du siehst, sie ist blind. sie ist meine tochter, die tochter des propheten. I: welches wunder hat euch vereinigt? E: kein wunder, es war von anbeginn so. meine weisheit und meine tochter sind eins. I: ich bin erstarrt, ich vermag es nicht zu fassen. E: denke dem nach: ihre blindheit und mein sehen haben uns zu gefährten gemacht seit ewigkeit. I: vergieb mein staunen, ich bin wohl in der unterwelt? S: liebst du mich? I: wie kann ich dich lieben? wie kommst du zu dieser frage? ich sehe nur eines, du bist salome, ein tiger, das blut des heiligen klebt an deinen händen. wie sollte ich dich lieben? S: du wirst mich lieben. I: ich? dich lieben? wer giebt dir das recht zu solchen gedanken? S: ich liebe dich. I: lass ab von mir, mir graut vor dir, bestie. S: du thust mir unrecht. elias ist mein vater und er kennt die geheimnisse tiefste. die wände seines hauses sind von edeln steinen. seine brunnen halten heilkräftige wasser und sein auge schaut die künftigen dinge. und was gäbest du nicht um einen einzigen blick in die unendlichen dinge des kommenden? wären sie dir nicht selbst eine sünde werth? I: deine versuchung ist teuflisch. ich sehne mich zurück nach der oberwelt. hier ist es grauenhaft. wie schwül und schwer ist die luft! E: was willst du? du hast die wahl. I: aber ich gehöre nicht zu den todten. ich lebe am lichte des tages. warum soll ich mich hier um salome quälen? ich habe doch genug am eigenen leben zu tragen. E: du hörtest, was salome sagte. I: ich kann es nicht glauben, dass du der prophet sie als tochter und gefährtin erkennen kannst. ist sie nicht aus ruchlosem samen gezeugt? war sie nicht eitel gier und verbrecherische wollust? E: sie liebte aber einen heiligen. I: und hat schmählich sein theures blut vergossen. E: sie liebte den propheten, der der welt den neuen gott verkündigte. ihn liebte sie, ver-

dir als führ in d welt des dunkeln dien/ den sie i von ähnlich substanz wie die gestaltung jen welt.

Der schauplatz des mysteri-spieles ist eine tiefe wie d krat eines vulcans. mein tiefstes innres ist ein vulkan/ d die feuerflüssige masse des nie geformt/ des ununterschieden herausstösst/ so gebärt mein innerstes die kind des chaos/ d uralt mutt. wer in d krat eingeht/ wird selb z chaotisch stoffe/ er zerschmilzt. das geformte in ihm löst si auf u neue mit d kindern des chaos/ d mächt des dunkels/ d beherschend u d verführend/ d zwingend u d anlockend/ d göttlich u d teuflisch. diese mächte greif auf all seit üb mein bestimmtes u begrenztes hinaus u verbind mi all form u mit all fern wes u ding/ wodurch mir innere kunde wird von ihr sein u ihr beschaffenht. weil i in d quell des chaos/ in das uranfängliche/ gefall bin/ so werde i selb umgeschmolz in die verbindung mit d uranfänglich/ welches zuglei das gewesene u das werdende ist. z erst komme i in das uranfängliche in mir/ dadurch ab/ da i ein theil des weltstoffes u d weltgestaltg bin/ komme i au in das uranfängliche d welt üb haupt. i habe zwar als ein geformtes u bestimmtes am leb theil genom/ ab nur vermittels meines geformt u bestimmt bewusstseins u dadurch am geformt u bestimmt stücke des

6.“神秘·遭遇”，呈现的是荣格与以利亚、莎乐美和蛇的相遇（见本书第75页）。图片出自《红书》第v页的左页。

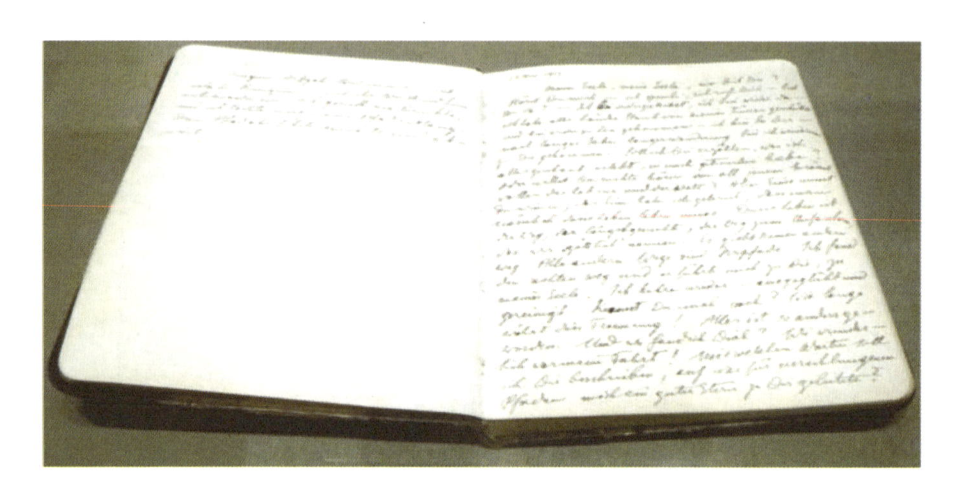

7.《黑书 2》(*Black Book 2*)，索努·沙姆达萨尼拍摄。

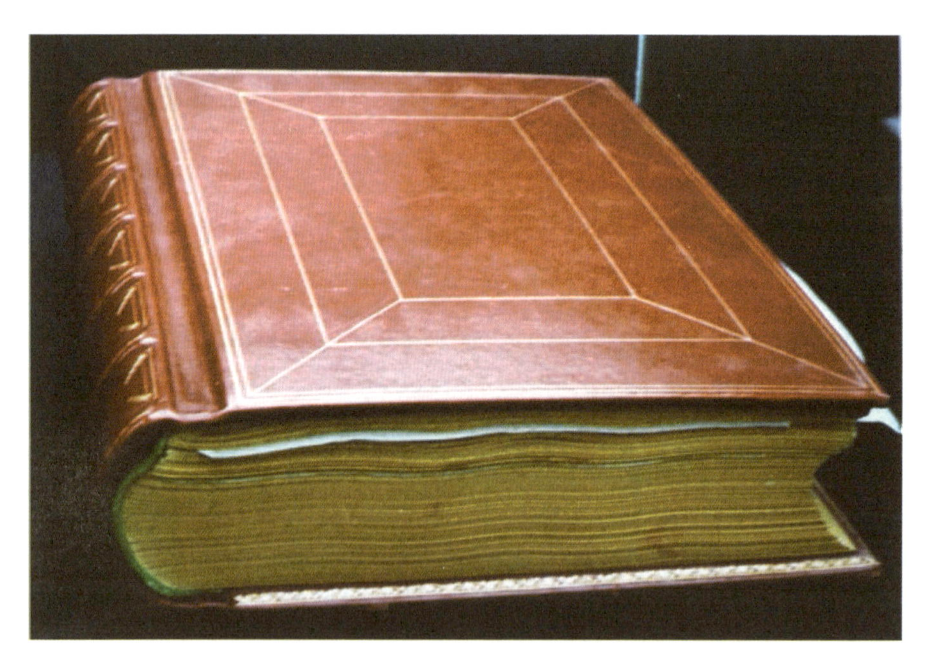

8.《红书》，索努·沙姆达萨尼拍摄。

荣 · 格 · 分 · 析 · 心 · 理 · 学 · 经 · 典 · 译 · 丛

荣 格

分析心理学导论

原著 / [瑞士]

荣 格

C. G. JUNG

编（1989年版）/ [美]

威廉·麦圭尔

WILLIAM MCGUIRE

编（2012年修订版）/ [英]

索努·沙姆达萨尼

SONU SHAMDASANI

译 / 周党伟 温绚

Notes of the Seminar on Analytical Psychology Given in 1925

图书在版编目（CIP）数据

荣格分析心理学导论 /（瑞士）C. G. 荣格（C. G. Jung）著；（美）威廉·麦圭尔（William McGuire），（英）索努·沙姆达萨尼（Sonu Shamdasani）编；周党伟，温绚译．—北京：机械工业出版社，2019.9（2025.3 重印）
（荣格分析心理学经典译丛）
书名原文：Introduction to Jungian Psychology: Notes of the Seminar on Analytical Psychology Given in 1925

ISBN 978-7-111-63429-4

I. 荣… II. ①C… ②威… ③索… ④周… ⑤温… III. 荣格（Jung, Carl Gustav 1875—1961）- 分析心理学 IV. B84-065

中国版本图书馆 CIP 数据核字（2019）第 169489 号

北京市版权局著作权合同登记 图字：01-2018-8791 号。

荣格分析心理学导论

出版发行：机械工业出版社（北京市西城区百万庄大街 22 号 邮政编码：100037）
责任编辑：姜 帆 杜晓雅　　责任校对：殷 虹
印 刷：保定市中画美凯印刷有限公司　　版 次：2025 年 3 月第 1 版第 14 次印刷
开 本：170mm×230mm 1/16　　印 张：15.5　　插 页：4
书 号：ISBN 978-7-111-63429-4　　定 价：99.00 元

客服电话：（010）88361066 68326294

此修订版的目的是为了说明这些讲座在荣格经典中的独特性，尽管它曾在1989年出版，但没有得到广泛的理解。2009年《红书》的出版使这部作品有了新的意义，并可以被视为《红书》的姊妹篇。

从历史的角度上看，这些讲座在多个方面都是荣格最重要的讲座，因为它们是唯一可靠的荣格讲述自己的思想和自我实验发展的第一手资料，他的《红书》也源于此。

目 录

C.G.
JUNG

从历史的角度上看，这些讲座从多个方面来看都是荣格最重要的讲座，因为它们是唯一可靠的荣格讲述自己的思想和自我实验发展的第一手资料，他的《红书》也源于此，但它们并没有得到应有的广泛关注。威廉·麦圭尔（1917—2009）在1989年将它们收录在“波林根系列丛书”中予以出版，[1]这一版本的制作质量很高。[2]《红书》（*Liber Novus*）的出版使这些讲座有机会有新的呈现，因为荣格在这里的讨论有了新的意义。“腓利门系列丛书”将其修订后再版，这一版本有新的导读，提供了荣格在《红书》中所提材料的交叉索引，以及包含新信息的脚注，这些都是2012年版本中新加的部分。1989年版本中的错误也被删除。进一步的研究表明，琼安·科瑞的《荣格心理学ABC》（*ABC of Jung's Psychology*）中被认为是来自这个讲座的段落，并被收录在该书附录中的内容，实际上是来自荣格同一年在英格兰的斯旺纳奇的讲座，因此已经被删除。麦圭尔认为这些讲座是在3～7月的周一进行的，没有中断，因此他为每一次的讲座都加上了日期，但最近发现的卡莉·拜恩斯的笔记却显示出这些讲座一周举行两次，因此附加的日期也被删除了。

索努·沙姆达萨尼

1 John Beebe, "Obituary, William McGuire," *Journal of Analytical Psychology*, 55(2010): pp. 157 - 58.

2 笔者在1988年协助此卷出版的部分研究，这是非常有益的一段经历。

1925 年 3 月 24 日，卡莉·拜恩斯写道：

新秩序从昨天开始，也就是说，昨天我们进行了讲座的第 1 讲。讲座就像学校的教科书中描述的远古战争，都有着它们直接和遥远的原因，而直接原因都可以在荣格的信函中看到。据说当科瑞小姐收到说明信的时候，她感觉像是自己的父亲去世了一样。[1]“四风”（Four Winds）虽然给忠实的听众带来哀痛，但也带去了愉悦。由于在 12 月的第一次分析之后我只有两个小时的分析，因此这似乎是一个黄金机会。

我们在周一和周四的下午 4:30 ～ 6:00 在自治大街（Gemeinde Strasse）的教室里听讲座。[2] 昨天参加的人有：萧博士、凯博士（大约 28 岁，来自澳大利亚，我第一次看到他，他的笔记做得很精美）、萨金特小姐、克里斯汀·曼、沃德博士、高顿博士、贝克威思[3]（他看上去像被蜜蜂蜇过一样，相信参加荣格的讲座就意味着减少接受荣格分析的时间，事实并非如此，而是他的阿尼玛使他确信分析的时间越久越好）、莫瑞[4]（他大约 32 岁，不久前刚从英国剑桥来到这

1 琼安·科瑞在 1922 年发表一篇题为《深海夜航的个人体验》的论文，回顾并分析她在接受荣格分析时做的梦。*British Journal of Psychology* (*Medical Section*) 2: pp. 303-12。

2 荣格的工作日程证实这些讲座是在周一和周四进行的。从四月中旬到五月初还有三周的休息时间（感谢安德里亚斯·荣格提供的信息）。

3 关于萨金特、曼和高顿，见下文。

4 大约在复活节期间，莫瑞到苏黎世接受荣格三周的分析。具体内容见 Forrest Robinson, *Love's Story Told: A Life of Henry A. Murray* (Cambridge, MA: Harvard University Press, 1992), pp. 120f。

里，但有时候也从美国过来，带着他的 60 个问题。他能够理解类型理论，比我做得还无可挑剔。他以药剂师为业，在佛蒙特州拥有一片荒野，他希望荣格能到那里开会。在谈到加利福尼亚州的时候，他说那里不合适，因为那个地方日新月异，如果将会议地址定在那儿，说不定两周之内就会建起一座公寓，而佛蒙特州则不同，佛蒙特州在之后的 80 年都会一直保持原样。我觉得这个估量过于保守了，他应该说 800 年）、奥德里奇、邓纳姆小姐（芝加哥）、我、辛克斯小姐和科瑞小姐。我们按照顺序靠着墙坐下来，感觉很不错。

荣格讲，他会从对分析心理学的历史回顾开始，然后回答我们提出的问题，就像我们在康沃尔的讲座中那样，之后他会筛选一些合适的问题进行讨论。[5] 我提醒他说我们一致同意听一个一般的主题（移情），并问他是否愿意选择这个主题。他说他不会，他更愿意谈论我们在个人分析中感兴趣的话题。萧博士说她想了解更多关于对立转化原则的内容，而非只局限在关于席勒的章节中。[6] 荣格说，可以讲那个以及它产生的效应，但需以某种问题的形式提出。奥德里奇先生说，他想听荣格是如何发展自己的人生哲学的，那些想进行分析实践的人可以把自己的问题留到和荣格做分析的时候再问。我反对他的提议，因为我们其中一些人并没有接受荣格的分析，人们会对不自由的讲座氛围感到失望。于是荣格说，奥德里奇不过是在对抗起主导作用的女性元素，此时响起热烈的欢呼声。从奥德里奇的声音中可以听出，他大概饱受那些准备进行分析实践的人之苦。荣格说，他自己的人生哲学的形成是个太大的问题，不能一下子讲清楚，奥德里奇需要把它拆分成多个小问题。接着，科瑞小姐对历史回顾提出反对，并说她更想听关于荣格自己的内容。我对她的提议感到很高兴，因为我也以为荣格已经计划重复他在康沃尔给我们讲的引言部分，当然这很遗憾，但他这次

5　这里指的是荣格 1923 年在波尔泽斯的讲座（准备收录在“波林根系列丛书”中出版）。

6　Jung, *Psychological Types*, CW 6, § 150。荣格写道，“对立转化意味着‘朝向对立面发展’，在赫拉克利特的哲学中，它用于指事件发展中对立面的互动，即认为一切都会转化成自己的对立面”（§ 708）。

要讲的是不一样的内容，他的意思是要讲自己的分析思想发展的过程，当然这是一个我们都愿意听的主题。他说他一直对分析心理学领域所涉猎的范围之广感到吃惊，因此他认为对该领域进行概述是非常有意义的，然后他开始讲座，我会尽可能地记录荣格的原话，因为也许只有这样才能重现他话语的生动[7]……

卡莉・拜恩斯对这愉快的系列讲座的生动记录在这里中断。很明显，听众并没有弄清荣格将要讲什么。但是，在此之前，我们需要看看荣格在 1925 年的状况。

1925 年的荣格

《心理类型》(*Psychological Types*) 在 1921 年出版，并广受好评。英译本在 1923 年面世，也获得大量的好评。在《纽约时报》图书评论的两页内容中，马克・伊沙姆写道："这部作品非常严肃、积极、令人深思、经典，而且非常有启发性。它带来能量、解放和创意。作者对内倾思维类型表现出惊人的同情，对其他类型也是如此……荣格非常巧妙地揭示出灵魂的内在王国，并发现幻想的显著价值。他的作品有多重维度和理解方式，并能够从多个维度上进行评论。"[8] 就出版而言，从《心理类型》出版之后直到现在举办讲座的这段时期是荣格职业生涯最安静的一段时间。1921 年，他为英国心理协会举办的会议写了一篇论文，题为《"宣泄"的心理治疗价值问题》；[9] 1922 年，他出版了在苏黎世德语语言和文学协会的一篇讲稿，即《分析心理学与文学艺术作品之间的关系》。[10] 与

7 Cary Baynes Papers, Contemporary Medical Archives, Wellcome Library (后文简称 CFB)。希美纳・罗埃利・德・安古洛授权引用卡莉・拜恩斯的笔记。

8 1923 年 6 月 10 日。关于对这部著作的接受，见笔者的 *Jung and the Making of Modern Psychology: The Dream of a Science* (Cambridge: Cambridge University Press, 2003), pp. 83f. and 334f。

9 CW 16.

10 CW 15.

他往日的特点不符的是，他在1923年和1924年没有发表新的作品。这或许和他母亲在1923年1月去世有关系。他在1925年发表了两篇文章，包括在1923年瑞士泰里特的国际会议上报告的总结“心理类型”的文章，[11]以及被收入赫尔曼·凯泽林伯爵所编讨论婚姻的文集中的文章《作为一种心理关系的婚姻》。[12]当时荣格的创造性重心明显在别处，也就是誊抄《红书》，[13]同时开始建造在苏黎世湖畔的波林根塔楼。

接下来笔者简要概括一下这部作品的起源。在1913年冬季，荣格刻意释放自己的幻想思维，并记录浮现的内容。他后来将这个过程称为“主动想象”。他将这些幻想写到《黑书》（*Black Books*）中，这些并非是他的个人日记，而是自我实验的记录。形成主动想象的对话，可以看作思维的戏剧化形式。

当第一次世界大战爆发的时候，荣格认为他的很多幻想能够预测这个事件。这促使他开始创作《红书》的第一稿，其中包括对《黑书》中主要幻想的誊抄，还有诠释性评论以及抒情性的阐述。荣格在这里试图从这些幻想中推导出一般的心理学原理，并理解幻想中刻画的事件在多大程度上以象征的形式呈现出现实世界中的事态发展过程。虽然荣格想要出版这部作品，但他在生前一直未能将其付梓。这部作品的整体主题是荣格如何重新找回自己的灵魂，并克服当代精神异化造成的心神不安。最终，通过使新的上帝意象在他灵魂中再生，以及以心理学和神学的宇宙学形式发展出新的世界观，他达成了这个目标。《红书》呈现的是荣格的个体化过程这一概念的模型。

书中的材料经过多次誊抄，有多份草稿，接着荣格又将这些内容以花体字的形式誊抄到一部红色皮革卷中，同时他还用图案装饰了每页的首字母，为每

11 CW 6.

12 CW 17.

13 Jung, *The Red Book, Liber Novus*，索努·沙姆达萨尼编辑并作序，马克·凯博斯、约翰·派克与索努·沙姆达萨尼译（New York: W. W. Norton, 2009）。

页加上装饰边线以及大量的绘画。荣格在 1915 年完成了《红书》前两部分的手稿，并在 1917 年完成了第三部分“审视”。此后，他又继续进行细致的誊抄。这些画作最初是书中幻想的插画，后来可以被视为主动想象本身，有时候也指同一时期在荣格的《黑书》中的幻想。荣格在 1930 年左右停止誊抄。到 1921 年 1 月，荣格的花体字卷已经有 127 页，到 1925 年 8 月，他已经写到第 156 页的末尾。

1920 年，荣格在波林根的苏黎世湖畔购置了一些土地，他感到自己要在石头上呈现自己最深的思想，并建造一座完全原始的住所：“波林根对我很重要，因为文字和纸张远远不够。我需要在石头上告解。”[14] 塔楼是“个体化的表现”。多年来，他在塔楼的墙上创作壁画和雕刻。因此，塔楼可以被视为《红书》的三维延续：它的“第四部分”。

在 1924 年和 1925 年，出版这部作品已经成为荣格脑海中最重要的议题之一。在 1924 年年初，荣格让卡莉·拜恩斯重新将文本的内容打印出来，并探讨将其出版。卡莉在自己的日记中这样写道：

你让我抄《红书》的内容，你之前已经誊抄过，但那之后你又添加很多材料，因此你想再抄一遍。在我抄写的时候，你会跟我解释其中的内容，因为你几乎了解自己所说的一切。这样，我们能够讨论很多在我的分析中从未出现的东西，我也能从根本上理解你的思想。[15]

同时，荣格也在和自己的同事沃尔夫冈·斯托克迈尔讨论可能的出版形式。[16] 1925 年，彼得·拜恩斯将《向死者的七次布道》（*Septem Sermones ad*

14 阿尼拉·亚菲在写《回忆·梦·思考》（*Memories, Dreams, Reflections*）的时候采访荣格的记录，Library of Congress, Washington, DC (original in German), p. 142。

15 1924 年 1 月 26 日，引自《红书》中笔者的“*Liber Novus*: The ‘Red Book’ of C. G. Jung,” in *Liber Novus*, p. 213。

16 同上，pp.214f。

Mortuous）翻译成英文，并在英格兰由沃特金斯出版社以非公开形式出版。

在誊抄的过程中，卡莉·拜恩斯催促荣格做一个关于这部作品的讲座。她在自己的日记中写道：

当我问拜恩斯（彼得·拜恩斯）是否想听一个关于《红书》的讲座时，我只是想知道你在和他做什么。自从我开始读它，我就在想，如果不仅像你所说的那样是我们一起讨论，而是将蒙娜·丽莎[17]包含在内，那么它将成为一个美好的东西。或许她也知道书中的所有内容，而且完全理解它，以至于她对此并不感兴趣，但我想她会……他（彼得·拜恩斯）问我……为什么出版《红书》会成为我的一个问题。我会狠狠地反驳他说，这是因为你呈现它的方式给我造成很大的困难……接着你告诉他你对它的想法，他完全不知所措……当我说我想听到你在外面讲《红书》的时候，你以为我想要搞个社交茶会，我以善意的方式回击你说，如果《红书》没有重要到需要在外面谈论，那么你需要为它做些什么了。[18]

目前尚不清楚这些讲座是否举办了。但这些讨论在荣格决定第一次公开谈论自己的自我实验以及《红书》中的某些幻想时很可能起着非常重要的作用。

在此期间，荣格离开了他在 1916 年创立的心理学俱乐部。[19] 1922 年 11 月 25 日，他和艾玛·荣格以及托尼·伍尔夫一同离开俱乐部。[20] 在荣格离开俱乐部之后，他于 1923 年在英格兰康沃尔郡的波尔泽斯举办了自己的系列讲座。几年前，分析心理学俱乐部在伦敦已经创立。这次讲座是由彼得·拜恩斯和埃斯特·哈丁组织的，有 29 个人参加。[21] 该讲座有两个主题，即分析的技

17　艾玛·荣格（希美纳·罗埃利·德·安古洛提供的信息）。

18　1924 年 6 月 5 日，*CFB*（《卡莉·拜恩斯论文集》）。

19　见拙著 *Cult Fictions: C. G. Jung and the Founding of Analytical Psychology*（London: Routledge, 1998）。

20　Friedel Muser, "Zur Geschichte des Psychologischen Clubs Zürich von den Anfängen bis 1928"，原文出自 *Jahresbericht des Psychologischen Clubs Zürich*，1984，p.8。

21　出自 Barbara Hannah, *Jung, His Life and Work: A Biographical Memoir* (New York: Putnam, 1976), p. 149。

术和基督教的历史心理效应。在此期间，越来越多的英格兰人和美国人到苏黎世接受荣格的分析，形成了一个非正式的侨民小组。1922 年 8 月 22 日，杰米·德·安古洛在写给昌西·古德里奇的信中提出“一个对所有神经症兄弟的挑战——走，兄弟们，去麦加，我说的是苏黎世，去饮生命之泉的水，所有形同行尸走肉的人啊，去寻求新生吧”。[22]

1923 年 4 月 30 日，尤金·施莱格尔提议俱乐部应该再邀请荣格加入。同年晚些时候，荣格和阿方斯·米德对此事情展开通信讨论，荣格的立场是，只有全体一致明确地渴望和他合作，他才会回归。俱乐部内部也就这件事展开了激烈的讨论。例如，1923 年 10 月 29 日，冯·穆拉尔特认为，荣格用俱乐部成员实现他的个人目的，如果成员不接受他的理论就很难与他相处，而他对他人的态度也不是一个分析师应有的，等等。不难想象，当荣格看到依据自己的理念所创立的机构已经“误入歧途”，而他自己则被看作一个故意阻碍别人的大家长时，他会有何反应。1924 年 2 月，汉斯·特吕布不再担任俱乐部的主席，俱乐部给荣格写了一封信请他回到俱乐部，在一个月后，荣格回归了。[23]

同年稍晚一些的时候，荣格举办了一个用德语讲授的关于梦的心理学讲座，该讲座由三部分构成（1924 年 11 月 1 日、12 月 8 日，以及 1925 年 2 月 21 日），紧接着在 1925 年 5 月 23 日又有一次讨论。[24] 需要着重指出的是，尽管本书中记录的这些英文的讲座是在心理学俱乐部举行的，但他们并非是官方的“俱乐部”讲座，俱乐部纪要和年度报告并没有提及它们，而 1925 年时的 52 个成员和 3 个客座成员中只有一部分参加了这些讲座。相反，这些讲座更像是荣格安排的私人活动，只是恰好在心理学俱乐部举行。而且，那些参加了荣格

---

22 Goodrich Papers, Bancroft Library, University of California at San Francisco.

23 此段内容源自 Muser, “Zur Geschichte des Psychologischen Clubs Zürich von den Anfängen bis 1928”，以及苏黎世心理学俱乐部纪要。感谢安德里亚斯·史怀哲在俱乐部档案馆为笔者提供的帮助。

24 *Jahresbericht des Psychologischen Clubs Zürich*, 1925.

在波尔泽斯讲座的人和参加这些讲座的人有更大的一致性（讲座小组的人数基本相同）。因此，在那些重新将荣格接纳到他们中间的本地俱乐部成员和荣格英文讲座的更加国际化的听众之间存在着差异，他们也有不同的心理动力。在随后的岁月中，英文在荣格的作品传播中发挥了主导作用。

讲　座

荣格在《心理类型》的开篇中评论的是知识的主观条件，即“个人差异”。他指出，在心理学中，概念“永远是研究者主观的心理集聚的产物”。[25] 认识到个人差异所造成的效应，即知识中由主观决定构成的部分，是对其他个体进行科学评估的前提。在这个讲座中，荣格很坦率地说了自己的个人差异，但并不是他自己的传记，而是他自己的取向、他自己的心理学立场的形成，即自己的主观取向。这是荣格第一次讲自己的心理类型。荣格开始讲到自己想给出一个分析心理学“领域宽度”的“概览”，接着他先大致概括了自己的概念的来源，从他对无意识问题的关注开始。尽管荣格的作品有着弗洛伊德中心化的特点，但与之截然相反的是，荣格并没有直接将自己的作品和弗洛伊德联系在一起，而是将其与他之前阅读的叔本华和冯·哈特曼的著作以及参与的灵媒表演联系在一起，从而将自己的作品置于一个完全不同于弗洛伊德的思想和经验的轨道上。荣格明确地指出，他仅仅是在形成自己最初的无意识和力比多概念，并完成了自己的心理病理学实验研究之后才与弗洛伊德取得了联系。尽管他觉得自己独立地验证了某些弗洛伊德的理论，但他坚持认为自己从一开始就对其理论持保留的态度。在他已经出版的作品中，荣格已经指出了他和弗洛伊德的理论

---

25 Jung, *Psychological Types*, CW 6, § 9. 关于这一问题，见笔者的《荣格与现代心理学的形成：一个科学的梦》，第一部分。

差异。[26] 在这里，荣格第一次坦率地说出他和弗洛伊德的关系，以及弗洛伊德的个人缺点，即弗洛伊德对自己的个案不诚实、不能接受批评，最重要的是，他将自己的权威置于真理之上。这是荣格第一次对弗洛伊德在 1914 年所写的《精神分析运动史》（*On the History of the Psychoanalytic Movement*）中带有个人偏见的记述进行回应。[27]

接着，荣格讲到弗洛伊德不能正确理解的强大的梦，这使他对无意识的自主性有新的理解。然后，他意识到他在《力比多的转化与象征》(*Transformations and Symbols of the Libido*，1912）中分析的是他自己的幻想功能。因此，他开始以一个更加系统的方式进行分析。随后，荣格叙述了他在 1913 年 10 月去沙夫豪森的路上看到的幻象。第一次世界大战爆发之后，他认为这些幻象具有预测性，并开始自己的主动想象。他开始专注于 1913 年秋和自己灵魂的对话、12 月 12 日的第一次视觉的下沉（visual descent)、12 月 18 日杀掉西格弗雷德（Siegfried）的梦，以及不久之后和以利亚与莎乐美的相遇。总而言之，荣格在讲座中讲到的自我实验从 1913 年 10 月持续到 12 月，这些构成了《红书》的第一部分，即“第一卷”（*Liber Primus*）。这些内容再加上讨论，就构成这次讲座的主体部分。这是荣格第一次，实际上也是唯一一次在公开场合谈到这些材料。重要的是，虽然荣格在讲述这些情节的时候，从未直接提到《红书》，但很明显激发了听众极大的好奇心。这次讲座可被视为以第一人称的形式报告分析心理学的实验，他将他自己的“个案”作为他理论中最清晰的案例。同时，他直接向参加讲座的听众讲：“我已经告诉了你们很多内容，但不要认为我已经告诉你们所有！”[28] 他在这里的报告在某种程度上是对卡莉·拜恩斯要他开展一次《红书》讲座请求的回应，而且荣格的兴趣应该是将听众的反应和他对出版该作

---

26 例如，Jung，*Jung contra Freud: The 1912 New York Lectures on the Theory of Psychoanalysis*，包括索努·沙姆达萨尼的引言（Princeton，NJ: Princeton University Press，2012）。

27 SE（《弗洛伊德全集》）14.

28 见下文。

品的问题联系在一起。

荣格对这些情节的讨论绝不是他在《红书》的第二层中的评论，但可以被视为第三层的评论。与《红书》中第二层的抒情性和唤起共鸣的语言相反，荣格在这里使用的是心理学的概念，更加确切地讲，他试图展示他如何从自己对这些相遇的反思中获得心理学的概念。就像他生动地指出的："我从我的患者那里获得所有的经验材料，但我从内部，从对无意识过程的观察中获得问题的解决方法。"[29] 同时，他的报告又起到了教育的效果。大多数听众都是接受他分析的人，我们可以假设主动想象的练习在他们的工作中起到了关键的作用。因此他实际上是在用自己的素材作为教学的例子，展示他自己的心理类型学如何在他的幻想中被刻画和表现出来，他如何遇到阿尼玛和智慧老人，又如何和他们达成和解，以及解决对立冲突的超越功能的起源。除此之外，这次讲座中有一个重要的部分集中讨论了现代艺术的重要性，以及如何从心理学的角度理解它们。如何看待自己的创造性工作的问题在荣格心目中似乎是背景般的存在。

在报告和讨论完他的素材之后，荣格接着展示了一个关于如何理解这些形象的概括性框架。从历史的角度上看，很遗憾参加讨论的人并没有让荣格报告更多他的个人素材并对其进行评论。这次讲座以班级任务的分配结束，参与者被要求研究三部通俗小说中的阿尼玛主题，包括赖德·哈格德的《她》(*She*)，伯努瓦的《亚特兰蒂斯》(*L'Atlantide*)，以及麦林克（Meyrink）的《绿面》(*Das grüne Gesicht*)。在学生的要求下，一部关于阿尼姆斯的作品，玛丽·海（Marie Hay）的《邪恶的葡萄园》(*The Evil Vineyard*) 取代了麦林克的作品。[30] 就像荣格所讲，这个练习的目的是使他能"很好地了解你们在讲座中学到了什么"。[31] 这并不是荣格第一次使用通俗作品阐述自己的工作。《心理类型》的第 5 章

---

29 见下文。

30 由于荣格对麦林克的极大兴趣，事后让人觉得很遗憾，荣格对这部作品的评论没有被记录下来。见笔者的"*Liber Novus*: The 'Red Book' of C. G. Jung," in *Liber Novus*, p. 207 and p. 212。

31 见下文。

主要讲述了他对瑞士作家卡尔・斯皮特勒的作品《普罗米修斯和埃庇米修斯》(*Prometheus and Epimetheus*)的分析，斯皮特勒在1919年获得了诺贝尔文学奖。[32] 赖德・哈格德的《她》自1887年出版以来，一直都是畅销书。由小说改编成的无声电影也在1925年完成，赖德・哈格德亲自为其编写字幕。将通俗小说用于阐述个体化过程，说明了其中的心理动力绝非纯粹的秘传事件。

在这次讲座于7月6日结束的几周后，荣格在7月25日到8月7日之间在英格兰多塞特的斯旺纳奇开展了新的英文系列讲座。[33] 这次讲座同样也是由彼得・拜恩斯和埃斯特・哈丁组织的，讲座的主题是梦的分析，差不多有100人参加。[34] 荣格以报告梦的诠释的历史开始，紧接着对一位53岁孀妇的一系列梦进行了分析。

后　续

卡莉・拜恩斯在讲座中做了笔记，并在讲座结束后对是否出版笔记的内容与大家展开了讨论，最初似乎是哈瑞特・沃德博士提出出版的。在1925年9月26日的日记开篇中，拜恩斯写下了一些深思熟虑的记录：

在与艾玛讨论过这些笔记之后，我发现她对印刷它们的反应和我一样，我对那个想法的所有阻抗又涌上心头，因此我想再次把这个问题摆在你面前。我认为你在今年春季所做的讲座是这个世纪的心理学中最重要的事情，因为你在这些讲座中给出了一种思想如何从它原型的本质，到达其抽象的位置或者一个概念的过渡，你会说这是人类心智最后的细微改良。这样的事情之前从未在世

---

32 *Psychological Types*, CW 6, chapter five.

33 这些讲座即将在腓利门系列丛书中出版。

34 来自 Hannah, *Jung, His Life and Work*, p. 166，以及 Esther Harding's notes of the seminar, Kristine Mann Library, New York。

界上被梦到过，更不用说做了，因此我认为这些讲座理应用与它们的重要性相符的方式被对待。但你会说，还有什么比将它们印出来更好的方式呢？我觉得将它们印出来正是在以一种非常令人痛苦的方式歪曲它们。人们普遍认为当一个东西被印刷出来时，它就会或多或少被视为处于一种永久的形式中，但这些笔记根本没有形式，它们也不会有，它们只是对你所讲内容的概括练习。这些笔记本质上就像雕塑家在玩弄的泥土，因此它们有魔力，但一旦它们被强制做成面目全非的样子，魔力就会离开它们，同时它们也变得平庸。而且，如果你把要做的事情讲出来，你就能够在有限的时空中建造出众的结构，但当你把它们写下来或印成文字的时候，如果这些文字结构要承载起自身的意义，那么它们必须有看得见的根基，这属于科学的领域。现在所有三个系列的讲座，斯旺纳奇的、这里的和康沃尔的，都充满难以捉摸的思想，当你把它们讲出来的时候，它们就能够迅速地飞起来，而在这些笔记里只能以残缺的形式浮光掠影般地呈现。如果你记下它们，它们又会飞起来，但如果将其制成笔记就不会，因此这是另一个我认为不应该将它们正式出版印刷的原因。它们应该被原封不动地保存起来，就像实验室的原材料，直到你将它们写到你书中的观点里，毫无疑问你需要为此工作很长时间。最好是将它们保存好，并用打字机誊写出来，只发给班内的部分成员，像拜恩斯、萧等……今年春天我跟你谈到这一点，你觉得沃德提出出版的想法也就只是一个无害的幻想。毫无疑问，当欣克尔提出要翻译《力比多的转化与象征》时，你也是这样想的，但那个幻想被证明并不是无害的。[35]

我们可以想象，如果这些讲座以及其中与荣格的自我实验相关的细节在那个时候出版，会造成什么样的影响。卡莉·拜恩斯敏锐地强调了这些讲座最重

35 1942年4月10日，荣格在给玛丽·梅隆的信中写道，"'无意识的心理学'（Psychology of the Unconscious）十分需要重新翻译"（Jung Archives, Swiss Federal Institute of Technology, Zurich），原文为英文。根据约瑟夫·汉德森的观点，荣格是想把书中的内容重新翻译，但面临着版权的问题（私人交流）。

要的一面，也就是荣格的讲述方式为进入创造性过程提供了一扇独特的窗户，该创造性过程起始于幻想中涌现的序列，到他自己对这些幻想的反思，最后以一种新的人文心理学构想中的心理抽象形式结束。

卡莉·拜恩斯关于在有限范围内传阅这些讲座内容的提议被采纳。荣格在去非洲的途中带着这些笔记从而进行评论。10 月 19 日，荣格的信“从里斯本”被送到她那里：“你会看到我在如实地阅读这些笔记，我想它们整体上非常准确。有些讲座很流畅，也就是说没有阻止力比多的流动。”[36] 与大多数其他讲座的笔记不同的是，荣格仔细地核对了这次讲座的文本，以确保它们的可靠性。

根据卡莉·拜恩斯要分发笔记的 55 人名单，包括那些参加讲座的人，收到讲座文稿的有：彼得·拜恩斯博士、西格女士、昌西·古德里奇、冯·舒里小姐、弗格里特勒女士、弗达兹教授、詹姆斯·扬博士、厄玛·普特南博士、伊丽莎白·惠特尼博士、沃尔夫冈·克兰菲尔德博士、阿尔塞尔女士、N. 泰勒小姐、弗朗西斯·威克斯、威尔弗雷德·雷、海伦·萧博士、威拉德·达勒姆、阿德拉·沃顿博士、M. 米尔斯小姐以及心理学俱乐部成员。[37] 在准备这些讲座笔记后，卡莉·拜恩斯又回到了《红书》的誊抄工作上，当时荣格在非洲旅行。[38] 荣格在 1926 年 4 月从非洲回到瑞士，随后他又继续将《红书》誊抄到花体字卷中。但从这一刻起直到他在 1930 年停止誊抄时（在 20 世纪 50 年代末他最后一次尝试继续誊抄），他只完成了 10 页完整的花体字页面的誊抄，以及两幅完整的绘画（“永恒之窗”和“黄金城堡”的曼陀罗绘画和一幅未完成的画）。[39]

荣格在 1926 年出版了《灵魂的正常和病态生活中的无意识：分析心理

---

36 *CFB*.

37 *CFB*.

38 同年 2 月，她开始翻译理查德·威尔海姆（卫礼贤）的德文版《易经》，这项工作持续了数十年（Cary Baynes to Chauncey Goodrich, Goodrich Papers, Bancroft Library, University of California at San Francisco, February 15, 1925）。

39 *Liber Novus*, pp. 157f.

学的当代理论和方法概述》(*The Unconscious in the Normal and Sick Life of the Soul: An Overview of the Modern Theory and Method of Analytical Psychology*),[40] 这是他1917年的著作《无意识过程的心理学：分析心理学的实践和理论概述》(*The Psychology of the Unconscious Processes: An Overview of the Practice and Theory of Analytical Psychology*)的修订版。[41] 这一版与1918年第二版主要的差异是对心理类型材料的修订，对无意识论述的扩展和修订，以及新添加的论述个体化和心理治疗的材料。他在1928年出版的《自我和无意识的关系》(*The Relations between the I and the Unconscious*),[42] 是对他1916年的论文《无意识的结构》(The Structure of the Unconscious)的大幅度修订和扩展。[43] 关于直面阿尼玛、阿尼姆斯和超自然人格的章节详尽论述了他在这次讲座中的一些内容，他还引用了赖德·哈格德和伯努瓦的作品，但没有提供任何个人的背景。[44]1929年，当荣格在《黄金之花的秘密》(*The Secret of the Golden Flower*)的评论中附上自己在《红书》中的三幅画作为"欧洲曼陀罗"的例子时，这三幅画也都是以匿名的形式出现。[45] 之后，荣格不再使用第一人称，不论是以这次讲座中的形式，还是在《红书》中。

在20世纪50年代晚期，当阿尼拉·亚菲开始她的传记项目，并最终出版《回忆·梦·思考》(*Memories, Dreams, Reflections*)时，她在"直面无意识"一章中使用这次讲座中的内容来补充自己采访荣格的材料，特别是荣格对他和弗

---

40 *Das Unbewusste im normalen und kranken Seelenleben. Ein Überblick über die moderne Theorie und Methode der analytischen Psychologie*(Zurich: Rascher Verlag, 1926). 1943年重新修订后被收录在CW 7。

41 被翻译成英文并收录在Jung, *Collected Papers on Analytical Psychology*, ed. and trans. Constance Long(London: Baillière, Tindall and Cox, 1917)。

42 CW 7。

43 同上。

44 CW 7, § 296f.

45 CW 13, pp. 56f.

洛伊德之间的关系以及他的自我实验的论述。[46] 很不幸，这一章中的材料组合和排列方式使人无法确定这一时期的时间轴，同时又使这次讲座中的讨论失去了连贯性。这一章也没有把 1925 年荣格在誊抄和绘画的过程中对素材的讨论和其 30 多年后的回忆和反思区分开。

此修订版的目的是为了说明这次讲座在荣格经典中的独特性，尽管本书在 1989 年出版过，但没有得到广泛的理解。2009 年《红书》的出版使这部作品有了新的意义，并可以被视为《红书》的姊妹篇——进一步将这些材料和详细论述转化成概念的形式，同时还有教育的实验。个人的、历史的和概念的独特结合使其成为介绍荣格心理学的最清晰的单卷本。

46 C. G. Jung, ***Memories, Dreams, Reflections***, recorded and ed., Aniela Jaffé, trans. Richard and Clara Winston (1962; London: Flamingo, 1983).

尽管这一系列讲座的标题显得过于概括，但它们是荣格第一次在相对正式场合的讲座，也是首个被记录并制图的讲座，以满足不断增加的说英语的学生的需求。[1]在1925年，即荣格50岁那年，受过教育的非专业人士，特别是讲英语的人们，明显非常需要一次最新的分析心理学理论和方法的报告。此时距荣格那本名为《无意识过程的心理学》（*Die Psychologie der unbewussten Prozesse*）的“小书”（他的原话）的出版已有八年的时间，此书附有“概论”这个副标题。[2]这本书被翻译成英文论文《无意识过程的心理学》（The Psychology of the Unconscious Processes），并被收录在第二版的《分析心理学论文集》（*Collected Papers of Analytical Psychology*，1917）中，这部由英国精神病学家康斯坦斯·E. 龙所编辑的520页的书中汇集了荣格在前弗洛伊德时期、弗洛伊德时期和后弗洛伊德时期的不同作品。此书和他主要的长篇著作《无意识的心理学》（*Psychology*

---

1 关于荣格在1912～1913年（？）、1920年和1923年的非正式讲座以及他在1928～1941年更加正式的讲座（和苏黎世联邦理工学院讲座集），见 *Dream Analysis*, introduction, pp. vii-xiii。（关于题目的缩写，见缩写表。）另外一个非正式的讲座是7月25日在斯旺纳奇开展的，即在现在这个讲座结束两周之后，也是荣格50岁生日的前一天。M. 埃斯特·哈丁对这次讲座和1923年讲座的手写笔记被保存了下来。

2 这本书最初是一篇36页的论文：“Neue Bahnen der Psychologie,” in *Raschers Jahrbuch für schweizer Art und Kunst*（Zurich, 1912）; translated as “New Paths in Psychology” in the 1st ed. of *Collected Papers on Analytical Psychology*（1916）。

of the Unconscious）以及《心理类型》构成了 1925 年讲座中学习荣格心理学的学生的英文阅读书目。同年 4 月，在开始这次讲座之后的一个月，他已经完成对 1917 年这部普及作品的大范围修订和修改，并重新将其命名为《正常和病态心理的无意识》（*Das Unbewusste im normalen und kranken Seelenleben*，1926），目的是"为这一主题提供一个大致的概念并引发思考，但不会论述所有细节"。或许是在讲座中对他的思想系统的回顾和讨论促使他进行了这次修订。荣格于 1926 年完成的概论在 1928 年出现在了美国和英国大众的视野中，H.G. 拜恩斯和 C.F. 拜恩斯将其翻译成英文版，即《正常和病态心理的无意识》（*The Unconscious in the Normal and Pathological Mind*）。本书和另外一部带有概要性质的作品《自我和无意识的关系》[3]（*The Relations between the Ego and the Unconscious*）共同构成《分析心理学两论》（*Two Essays in Analytical Psychology*）。多年来，《分析心理学两论》一直被视为荣格心理学的引论。

■ ■ ■

1925 年这个转折之年的序幕拉开之时，荣格和一群朋友来到科罗拉多河的大峡谷。几天后，他访问了新墨西哥州圣达菲北部的陶斯普韦布洛，随后又到新奥尔良、查塔努加和纽约。[4]7 月 26 日，他在英格兰南海岸的斯旺纳奇庆祝自己 50 岁的生日。那一年的最后一天，他在乌干达的基奥加湖，准备乘坐明轮蒸汽机船顺尼罗河而下。[5] 在这些冒险的旅行中，陪同荣格的都是英国人和美国人；在美国西南部的时候是乔治 · F. 波特和福乐 · 麦考密克，二人都来自芝加哥，

---

3 最初是一篇 1916 年在苏黎世分析心理学学校的 27 页讲稿，首先以法文的形式发表，题为"La structure de l'inconscient"，*Archives de psychologie*（Geneva），XVI（1916）。英文译本出现在 *Collected Papers*，2nd ed.（1917）。当它以德文形式出现的时候，已经经过大量修订和补充，题为 *Die Beziehungen zwischen dem Ich and dem Unbewussten*（1928），是 *Two Essays on Analytical Psychology* 中译文的来源。

4 William McGuire，"Jung in America，1924-1925，" *Spring*，1978，pp. 37-53.

5 Barbara Hannah，*Jung，His Life and Work: A Biographical Memoir* (New York，1976)，p. 176.

还有西班牙裔的杰米·德·安古洛；在非洲的时候是英国分析师 H. 古德温·拜恩斯、乔治·贝克威思、一位美国人和一位英国女士茹斯·贝利。除贝利小姐之外，其他人都曾接受过荣格的一次或多次分析。

登记在 1925 年讲座中的 27 名参与者中，13 位是美国人，6 位是英国人，5 位（仅根据他们的姓作为证据判断）可能是美国或英国人，2 位是瑞士人，1 位是德国人。[6] 有 7 人（都是女性）是荣格分析师，其中两位来自瑞士：艾玛·荣格，这时候她已经开始分析实践了（她的两个孩子分别为 14 岁和 7 岁）；以及缇娜·科勒，她和丈夫阿道夫·科勒后来搬到加利福尼亚居住。阿道夫是一位新教牧师，早年对精神分析感兴趣，参加了 1911 年的魏玛会议。[7] 美国人中包括来自纽约的三人组：M. 埃斯特·哈丁、埃莉诺·伯廷和克里斯汀·曼，她们都是医生。哈丁来自英格兰西部的什罗普郡，1914 年毕业于伦敦女子医学院。她的同事康斯坦斯·龙将比阿特丽斯·欣克尔新翻译的《无意识的心理学》介绍给她。在 20 世纪 20 年代，哈丁前往苏黎世与荣格进行个人分析，她在那里与曼和伯廷结识。曼放弃了英文教授的职业，到纽约的康奈尔大学医学院攻读医学博士，她和埃莉诺·伯廷成了同学，她们都在 1913 年获得学位。20 世纪 20 年代，她们去瑞士接受了荣格的分析。1924 年，她们决定让哈丁加入到美国的分析实践中。她们三位在纽约创立荣格社区：分析心理学俱乐部（以及以克里斯汀·曼的名字命名的无与伦比的图书馆）、C.G. 荣格学院和 C.G. 荣格基金会。[8]

另外一位美国人埃利达·伊凡斯并没有加入纽约的荣格学派圈子，至少看

---

6 *2012*：根据卡莉·拜恩斯的名单，又有 6 名成员加入，其中有一位是英国人，但尚不清楚其他人的背景。

7 *2012*：关于阿道夫和缇娜·科勒，见玛丽安·耶勒 – 维尔德贝格尔的 *Adolf Keller, 1872-1963: Pionier der ökumenischen Bewegung*(Zurich: Theologischer Verlag, 2009)，以及 Wendy Swan, ed., *Memoir of Tina Keller-Jenny: A Lifelong Confrontation with the Psychology of C. G. Jung* (New Orleans: Spring Journal Books, 2011).

8 Doreen B. Lee, "The C. G. Jung Foundation: The First Twenty-One Years," *Quadrant*, 16: 2 (Fall 1983), pp. 57 - 61.

起来是如此。她在1915年到瑞士接受了玛利亚·莫尔泽的分析，荣格在1920年给她推荐了儿童心理学的著作。在同一时期，作为一名在纽约的非专业分析师，她曾是一位和弗洛伊德与荣格都保持友好关系的精神分析师——史密斯·伊利·杰利夫的助理。[9] 这次讲座中的另一位分析师，海伦·萧博士的形象非常模糊。作为一名在“梦的分析”讲座中积极发言的成员，据说她与英国和澳大利亚曾有专业上的联系。[10]

另外一类推崇本次讲座的人（在某种程度上）是有文学修养的学生。如果我们根据美国作家查尔斯·罗伯特·奥德里奇的评论判断，他是一位相当有深度的知识分子。当奥德里奇从苏黎世返回加利福尼亚的时候，他将自己的小狗乔吉送给了荣格，之后它就一直在荣格咨询室中，陪伴荣格数年。[11]1931年，奥德里奇在C. K. 奥格登的“国际心理学、哲学、科学方法丛书”中出版了一部学术著作，名为《原始心理和现代文明》（*The Primitive Mind and Modern Civilization*），人类学家布洛尼斯拉夫·马林诺夫斯基为其写作引言，荣格作序，[12] 其中还包含对乔治·F. 波特的献词。荣格在新墨西哥州与波特相识，而波特在1927年自杀了。奥德里奇的职业生涯也随着他在1933年的突然离世而结束，尽管他的身体非常健康，但他预测到了这个日子。[13] 另外一位美国人是诗人伦纳德·培根，他在1925年前往苏黎世接受荣格的分析，荣格邀请他加入了这次讲座。[14] 培根这一年的经历都在其诗集《瓦古拉》（*Animula Vagula*）中反映

---

9 John C. Burnham and William McGuire, *Jelliffe: American Psychoanalyst and Physician, & His Correspondence with Sigmund Freud and C. G. Jung* (Chicago, 1983), index, s.v. Evans. Cf. Jung's foreword to Evans's *The Problem of the Nervous Child*, CW 18, pars. 1793–94.

10 约瑟夫·汉德森提供的信息，见 *Dream Analysis*, index, s.v. Shaw。

11 荣格在1931年1月5日写给奥德里奇的信，*Jung: Letters*, vol. 1, p. 80; Elizabeth Shepley Sergeant, “Doctor Jung: A Portrait in 1931,” *Jung Speaking*, pp. 51 – 52.

12 CW 18, pars. 1296 – 99.

13 *The New York Times*, 9 April 1933, IV, 7: 5.

14 Bacon, *Semi-centennial: Some of the Life and Part of the Opinions of Leonard Bacon* (New York, 1939), p. 182.

了出来。他后来作为诗人、评论家和翻译家都非常成功，他在 1940 年被授予普利策奖。

另外一位美国文人伊丽莎白·谢普利·萨金特应该是第一批，甚至有可能是第一个接受荣格分析的美国人。她在 20 岁的时候和她的阿姨一起游历欧洲，她有某些形式的神经过敏障碍，于 1904 ～ 1905 年冬季在苏黎世的疗养院接受治疗。根据她家人提供的信息，她可能最初接受的是荣格的分析。[15] 当时，荣格还未与弗洛伊德相见，但他已经开始在伯格霍茨利的医院中使用弗洛伊德的方法，有时候和联想测验相结合，就像他对萨宾纳·斯皮勒林的治疗一样。[16] 萨金特后来成为一位著名的新闻工作者，在第一次世界大战期间，她是《新共和》(*The New Republic*) 杂志的记者，并在兰斯附近的战场采访时受伤。在巴黎住院的 6 个月中，她的好友沃尔特·李普曼、西蒙·弗莱克斯纳和威廉·C. 布里特都来探望过她。[17] 在她漫长的记者和文学评论家的生涯中，她研究过的人物有：罗伯特·弗罗斯特、威拉·卡瑟、威廉·阿兰森·怀特、保罗·罗布森、H. L. 门肯等。至于关于荣格的内容，萨金特在于 1931 年发表的一篇“肖像”文章中描绘了荣格在一次讲座中的样子：

星期三上午 11 点……当荣格医生进入心理学俱乐部举行讲座的房间中时，他的脸上露出了非常友善的笑容，他夹着的棕色文件夹像是这次联合汇报的仓库。这是一个小型国际小组的集体汇报，大家共同的兴趣是心灵。当荣格静静地站在教室中的时候，一种不受控制的安静氛围降落在房间内。他沉默片刻，开始盯着自己的手稿，就像一个水手看着罗盘一样，将它和自己在走廊中感受

---

15 Linda H. Davis, *Onward and Upward: A Biography of Katherine S. White* (New York, 1987), pp. 27-28. 凯瑟琳·S. 怀特是《纽约客》的一名编辑，是萨金特的妹妹。

16 Jung to Freud, 23 Oct. 1906, *Freud/Jung*; Aldo Carotenuto, A *Secret Symmetry: Sabina Spielrein between Jung and Freud* (New York, 2nd ed., 1984), pp. 139ff. *2012*；关于萨宾纳的医疗记录，见 “Burghölzli Hospital Records of Sabina Spielrein,” *Journal of Analytical Psychology* 46 (2001): 15-42。

17 Sergeant, *Shadow Shapes: The Journal of a Wounded Woman* (Boston, 1920).

到的从门那边过来的心理学上的风和波联系在一起。房间中的安静不仅意味着尊重，还表示强烈的期待。我们今天会和这位有创造力的思想家一起做出怎样的探索？像铜钟被敲击一样，他会在我们心中激发出什么问题？他会带给我们一个什么样的强烈的时代观，以便能帮我们从主观和压抑的问题中走出来，并进入一个更普适又客观的领域？[18]

荣格应该是从卡莉和杰米·德·安古洛那里得知的人类学家保罗·雷丁对美国印第安人的民族志和宗教研究，他们在1920年之前已经在加利福尼亚和雷丁结识。那一年，雷丁前往英格兰，在剑桥大学的人类学家W. H. R. 里弗斯的领导下工作、演讲、教学和研究。[19]或许是受到杰米·德·安古洛和陶斯普韦布洛的山湖的启发，在雷丁到剑桥的5年后，荣格邀请他到苏黎世跟自己的学生讲美国印第安宗教。（据说荣格承担了他的差旅费用。）雷丁和心理学俱乐部的成员进行了非正式的交流，他参加到这次讲座中，并与荣格成为一生的朋友。一位人类学家写道："在那些年里，除里弗斯外，是来自苏黎世的C. G. 荣格为这个已经对比较宗教和文学十分感兴趣的人提供思想食粮。但不言而喻的是，雷丁从未成为荣格派学者，或许正是他与荣格有教养但神秘的头脑的接触强化了雷丁的批判理性主义，并使他远离对无意识（至少是）更加阴暗部分的深度探索。"[20]20世纪40年代，雷丁（从未放弃他对社会的马克思主义观点）成为波林根基金会的一名有影响力的顾问，并在基金会的支持下继续自己的写作。他到艾拉诺斯会议做过报告，并与荣格和卡尔·卡伦依合作写出了一部论述小丑原型的著作。

在苏黎世期间，雷丁和他的妻子罗斯遇到了同样来自加利福尼亚的熟人：

---

18 "Doctor Jung: A Portrait," *Harper's*, May, 1931; in *Jung Speaking*, pp. 52 - 53.

19 Cora Du Bois, "Paul Radin: An Appreciation," in *Culture in History: Essays in Honor of Paul Radin* (New York, 1960), p. xiii.

20 同上。

肯尼斯·罗伯逊和他的妻子西德尼。罗伯逊曾在斯坦福大学跟随 L. M. 推孟学习心理测量，之后作为非专业分析师来到欧洲受训。他在巴黎的一家名为“莎士比亚公司”的书店看到了《无意识的心理学》一书，并给荣格写信，荣格邀请他到苏黎世受训。资料表明，他接受的是托尼·伍尔夫的分析，并参加了讲座。西德尼·罗伯逊接受了克里斯汀·曼的分析，同时也参加到讲座中，但没有参与讨论。（在最近的一次采访中，她回忆起赫尔曼·黑塞和理查德·施特劳斯偶然加入到一次讲座中，但没有说话。）荣格也让年轻的西德尼·罗伯逊帮他校正自己的心理学、教育学讲座内容并将它们打印出来，并说她的丈夫是不能被分析的。尽管如此，罗伯逊夫妇也与其他的讲座参与者一起，跟随荣格到斯旺纳奇，听他在七月底的梦和象征的讲座。后来他们回到自己的家乡奥克兰，有一段时间，罗伯逊尝试在那里以非专业分析师的身份开展工作，后来逐渐放弃，进入邮局工作。尽管如此，他一直和湾区的荣格派先驱惠特尼一家和吉布斯一家保持密切友好的关系。[21]

还有两位英国文学家：夏洛特·A. 拜恩斯和琼安·科瑞。拜恩斯（很明显并非分析师 H.G. 拜恩斯的亲戚）后来出版了一部关于炼金术的著作，荣格经常在作品中引用它，书名是《收录在布鲁西抄本中的科普特人的诺斯替教派的著作》（*A Coptic Gnostic Treatise, Contained in the Codex Brucianus*，1933）。当她在 1937 年的艾拉诺斯会议上发表演讲的时候，她的身份是人类学家、牛津诺斯替教学者和大英帝国勋章获得者。我们还了解到她也在耶路撒冷开展过考古挖掘工作。琼安·科瑞以荣格学生的身份在英格兰活跃了很多年。在参加 1925 年的讲座之后不久，她写了一本小书，第一次向普通的读者介绍荣格的思想，书名是《荣格心理学 ABC》（London and New York, 1927），书中包含 1925 年讲座中的图表和引文。[22]

21　与西德尼（亨利女士）·科威尔的私人交流。在与罗伯逊离婚之后，她与一位美国作曲家亨利·科威尔结婚，继续与雷丁保持友谊。

22　其中一些摘录并未出现在卡莉·德·安古洛的抄本中；本书将它们收录在附录中。

奥斯卡·A. H. 施密茨，是一位德国文学家、小说家，也是当代欧洲时事评论家，他很有才华，也在学习深度心理学和瑜伽。尽管比荣格年长 3 岁，但他认为自己是荣格的学生，当然他是很资深的学生。他将荣格引荐给达姆斯塔特“智慧学院”的创始人赫尔曼·凯泽林伯爵，荣格偶尔也会到那里进行讲座，并在 1923 年遇到了《易经》(*I Ching*) 专家理查德·威尔海姆（卫礼贤）。[23] 施密茨迫切希望成为分析师并开始实践，可能也这么做过：他曾经写信让荣格在分析费用和时长方面给他建议。[24] 施密茨在 1931 年突然去世，荣格通过为他的作品《水獭的故事》(*The Tale of the Otter*) 作序来悼念他，这是自施密茨的无意识中涌现出的作品。[25]

讲座中一位难以归类的美国成员是伊丽莎白·霍顿，她是阿兰森·比奇洛·霍顿（1921 ～ 1925 年的美国驻德国大使，1925 ～ 1929 年的驻英国大使）的女儿。她是“计划生育”运动的早期倡导者凯瑟琳·霍顿·赫伯恩的表妹。根据她母亲在伦敦的日记（没有谈到苏黎世和心理学），[26] 她的女儿在参加荣格的讲座时只有 16 岁，应该是受到荣格的邀请。伊丽莎白·霍顿在晚年致力于红十字会和其他慈善组织的工作，但不在荣格的圈子里。

❖ ❖ ❖

卡莉·德·安古洛主要负责荣格讲座的记录。当她改名为卡莉·F. 拜恩斯之后，她的名字因《易经》的翻译而广为人知。作为译者和荣格的朋友，她是

---

23 Gerhard Wehr, *Jung: A Biography*, tr. D. M. Weeks (Boston and London, 1987), p. 6. 见 Jung, “Marriage as a Psychological Relationship” (1925), CW 17, pars. 324ff，以及 “Mind and Earth” (1927), CW 10, pars. 49ff。也见 *Sinnsuche oder Psychoanalyse: Briefwechsel Graf Hermann Keyserling—Oskar A. H. Schmitz aus den Tagen der Schule der Weisheit* (Darmstadt, 1970), Register, s.v. Jung. 2012；也见 “C. G. Jung: Letters to Oskar Schmitz, 1921-31,” *Psychological Perspectives* 6 (1975)。

24 *Jung: Letters*, vol. 1, p. 54 (20 Sept. 1928).

25 CW 18, pars. 171ff.

26 Adelaide Louise Houghton, *The London Years* 1925-1929 (New York, 1963; privately published), entries for 28 Oct. 1925, 21 Feb. 1926. / Personal communication from James R. Houghton.

分析心理学界的核心人物。她后来的名字为人熟知，因此在这里更便于使用。

卡莉·拜恩斯或许是本次讲座（或许是所有讲座）中唯一一名不是出于对荣格（临床或其他方面）的兴趣而前往苏黎世的成员。但我们还是最好从头开始讲起。[27]

她在1883年生于墨西哥城。他的父亲鲁道夫·芬克的祖籍是达姆斯塔特，他当时正在修建通往韦拉克鲁斯的铁路。卡莉和她的姐姐亨利在母亲的家乡肯塔基州的路易斯维尔长大。在瓦萨学院，卡莉在英国文学教授克里斯汀·曼教授的辩论课程中表现优异（1906年获得文学学士学位）。1911年，她在约翰·霍普金斯大学获得医学博士学位。毕业的前一年，她和另外一位来自约翰·霍普金斯大学的西班牙裔医学博士杰米·德·安古洛结婚，随后他们一起到加利福尼亚的大苏尔区定居。卡莉从未从事过医疗工作；她的丈夫除了以美国军队医疗官的身份从事过医疗工作，也是以人类学家的身份展开职业生涯的。他在学习美洲印第安语时表现出很强的天赋。1921年，卡莉离开了德·安古洛，带着他们3岁的女儿希美纳与她的大学老师克里斯汀·曼一起前往欧洲，这时候曼已经成为一名医生，并追随荣格的心理学学说。在苏黎世安顿下来之后，曼试图说服卡莉跟随荣格学习。1923年，卡莉参加了荣格在康沃尔的波尔泽斯进行的讲座。到1925年，当她在记录这次讲座的时候，她已经完全具有分析心理学系统的基础。她的姐姐亨利（一位艺术家，已经嫁给一位名为芝诺的男士）也到苏黎世和她一起学习。

当时荣格的助理是英国分析师H.古德温·拜恩斯博士，他翻译过《心理

---

27 传记资料来自希美纳·德·安古洛·罗利。也见 W. McGuire, *Bollingen: An Adventure in Collecting the Past* (Princeton, 1982), index, s.v. "Baynes, Cary F.," and p. 330。*2012*：根据希美纳·德·安古洛·罗利的回忆，卡莉在苏黎世期间，接受荣格的分析，试图弄清楚自己的婚姻为什么失败。也见 Gui de Angulo, *The Old Coyote of Big Sur: The Life of Jaime de Angulo* (Big Sur: Henry Miller Memorial Library, 1995)。

类型》，并在1925年与1926年的冬季和荣格一起前往东非。第二年，他与卡莉·德·安古洛结婚。在英格兰生活期间，二人合作翻译了荣格的《分析心理学论文集》以及《分析心理学两论》（都在1928年出版）。随后他们在美国生活了一年：卡莉和她的女儿生活在卡梅尔，拜恩斯在那里和伯克利进行分析的工作。拜恩斯在伯克利遇到了年轻的约瑟夫·汉德森，并建议他以分析师为业。

同样在苏黎世的时候，荣格建议卡莉把理查德·威尔海姆在1924年出版的德文版《易经》翻译成英文，威尔海姆对翻译进行指导，但随着他在1930年的离世而中断。同时，卡莉·拜恩斯将威尔海姆翻译、荣格评论的中国典籍《黄金之花的秘密》翻译成英文。在卡莉和H. G. 拜恩斯离婚之后，她一直生活在苏黎世，又和她的姐姐亨利·芝诺生活在一起了。在整个20世纪30年代，卡莉从事着《易经》的翻译，（与W.S. 戴尔一同）将《寻找灵魂的现代人》（*Modern Man in Search of a Soul*）翻译成英文，她参加了荣格的讲座，并帮助奥尔加·弗罗贝－卡普泰因运作在阿斯科纳的艾拉诺斯会议。她经常活跃在心理学俱乐部，如一位助理所说，她“试图保持强烈的好奇心并使事情都在客观的水平上”。拜恩斯－芝诺的住所成为荣格的美国、英国以及欧洲的追随者和学生的聚会场所。简和约瑟夫·威尔怀特在接受分析的时候住在那里。应荣格的请求，卡莉像同伴一样在詹姆斯·乔伊斯的女儿露西亚精神病发作期间帮助过她。

用她女儿希美纳的话说，卡莉·拜恩斯“从未成为‘认证’的分析师，从未开展分析工作，也没有患者，在某种程度上，她从不接受任何分析师和患者之间的常规关系和任何费用，但在她成熟的一生中，有无数人找她咨询。在问到为什么她没有成为分析师的时候，她总是给出两个原因：一是她‘没有与集体无意识建立联系’；二是荣格说过，如果没有非常强的伴侣关系作为支持就不应该从事分析工作，因为强的伴侣关系能够使分析师不会被患者的问题吞噬，也不会抓不住现实”。[28] 约瑟夫·汉德森也观察到：“可以说，这两姐妹有一种

28　私人交流（1978年1月11日）。

共生关系，在任何讨论中卡莉都是严肃的领导者，而亨利表现出的是幽默、热心和女性的魅力。卡莉非常理解荣格的理论，并能以精湛的技巧有意识地使用它们。你可以说亨利是她的无意识体验，亨利接近无意识的边缘，而且她的画作和雕刻都是纯原型的作品。”[29]

在20世纪30年代后期，两姐妹回到了美国。卡莉已经在阿斯科纳附近的奥尔加·弗罗贝－卡普泰因的别墅结识了玛丽·梅隆和保罗·梅隆，当玛丽·梅隆在1940年成立最初的波林根基金会时，其办公室就设在卡莉在康涅狄格州华盛顿的家中。卡莉是基金会董事会的成员，希美纳·德·安古洛是第一任编辑。战争的环境迫使基金会在1942年解散，但基金会在1945年又重组，卡莉和当时的助理编辑约翰·D. 巴雷特一同在1946年参加了艾拉诺斯会议，这是巴雷特第一次参会。同年9月，玛丽·梅隆突然去世，巴雷特作为基金会领导和波林根系列丛书的编辑，继续将卡莉视为他最明智的顾问之一。她翻译的《易经》(波林根系列丛书XIX）在1950年出版，之后她翻译出版了理查德·威尔海姆之子赫尔穆特·威尔海姆（卫德明）的《〈易经〉八讲》(波林根系列丛书LXII，1960)。

卡莉在她的姐姐于1970年去世之后到阿斯科纳定居。作为20世纪20年代在荣格周围形成的学生和朋友圈子中最年长的一位成员，卡莉直到1977年去世都保持着智性的活跃。“她对我的影响比大多数的分析师都要大，”简·威尔怀特在卡莉去世之后说，“我不知道她为什么不想成为分析师。她就是直布罗陀的岩石。”[30]

■ ■ ■

在编辑这些抄本的时候，编者没有删除任何内容，只修改了标点符号、语

29 私人交流（1978年1月29日)。

30 私人交流（1978年2月)。

法和不清楚的地方，不确定的修改都在括号中标记了出来，必要的时候会加上脚注。第16讲之后的材料也是讲座的内容，详情见第16讲注5。图表都是重新绘制的，从《回忆·梦·思考》中引用的内容都已经标记了出来。

这次讲座还有另外一份多图的抄本，该抄本被重新打印（页码与这一版相同），但未标明日期，也没有修订，尽管很多印刷错误都已经得到更正，图表也是重画的。为准备此版本，旧金山荣格学院的弗吉尼亚·艾伦·德特洛夫非常慷慨地让我们参考他们的馆藏抄本。玛丽·布里纳编辑的索引在1939年被收录在多图版本中，涵盖1925年到1934年冬的英文讲座的笔记，即《分析心理学》（*Analytical Psychology*）、《梦的分析》（*Dream Analysis*）、《幻象的诠释》（*Interpretation of Visions*）和《昆达里尼瑜伽》（*Kundalini Yoga*）。本版本中的索引借鉴了布里纳对概念性术语的处理。

致谢

我谨向以下对我在编辑讲座内容、确认讲座中的成员，或者遇到其他问题的时候给予帮助的人们致以衷心的感谢：克里斯汀图书馆的桃瑞丝·阿尔布雷克特和佩吉·布鲁克斯，格哈德·阿德勒、海伦·H.培根、保拉·D.布莱克、G. W.鲍尔索克、克拉伦斯·F.布朗、马克·R.科文、西德尼·科威尔、戈登·A.克雷格、多萝西·索尔兹伯里·戴维斯、圭·德·安古洛、菲尔莱特·德·拉斯洛、爱德华·艾丁格、麦克尔·福德汉姆、约瑟夫·弗兰克、玛丽-路易斯·冯·法兰兹、菲利克斯·吉尔伯特、约瑟夫·汉德森、詹姆斯·R.霍顿、阿尼拉·亚菲、洛伦兹·荣格、詹姆斯·科什、弗朗西斯·兰格、维克多·兰格、菲利斯·W.莱曼、维蕾娜·玛格、希美纳·德·安古洛·罗利、杰罗姆·罗斯、玛丽·萨哈罗夫-法斯特·伍尔夫、索努·沙姆达萨尼、约翰·谢尔曼、简·林肯·泰勒、简·威尔怀特和约瑟夫·威尔怀特。

威廉·麦圭尔

下面列出的是在原始多图抄本中出现的人名，还有些参会人员的名字可能没有被记录下来。在原始的抄本中只有成员的姓氏（以某先生的形式表示，等等），没有保存下来的签到簿。他们的全名以及居住地等都会被尽量地补充完整。根据当前所掌握的信息，打星号的人是（或者后来成了）分析心理学家。最右一栏列出的是该成员在这次会议（讲座）记录中第一次出现的时间，也见本书的索引。

在 2012 年版中，卡莉・德・安古洛的笔记中出现的成员名字被补充了进来。

查尔斯・罗伯茨・奥德里奇先生（美国）	第 5 讲
伦纳德・培根先生（美国）	第 7 讲
夏洛特・A. 拜恩斯小姐（英国）	第 7 讲
茹斯・拜恩斯小姐	
G. 贝克威思先生	
* 埃莉诺・伯廷博士（美国）	第 16 讲附录
邦德博士	第 15 讲
库珀博士	
琼安・科瑞小姐（英国）	第 9 讲
卡莉・芬克・德・安古洛（后来是拜恩斯）博士（美国）	第 2 讲
德・特雷女士	
邓纳姆女士	第 2 讲

* 埃利达・伊凡斯女士（美国）	第 9 讲
玛丽・戈登博士（英国）	第 2 讲
*M. 埃斯特・哈丁博士（英国 / 美国）	第 6 讲
多萝西・亨蒂小姐（英国）	第 9 讲
辛克斯小姐	第 9 讲
伊丽莎白・霍顿小姐（美国）	第 13 讲
* 艾玛・荣格女士（瑞士）	第 16 讲附录
* 缇娜・科勒女士（瑞士）	第 9 讲
西德尼・坤茨先生	
H. W. 雷托约翰	
* 克里斯汀・曼博士（美国）	第 2 讲
F. A. 普罗沃	
保罗・雷丁博士（美国）	第 13 讲
奥尔加・冯・拉耶夫斯基小姐	第 15 讲
肯尼斯・罗伯逊先生（美国）	第 9 讲
奥斯卡・A. H. 施密茨先生（德国）	第 15 讲
伊丽莎白・谢普利・萨金特小姐（美国）	第 15 讲
* 海伦・萧博士（英国 / 澳大利亚）	第 2 讲
埃塞尔・泰勒小姐（英国）	第 13 讲
哈瑞特・沃德博士	第 9 讲
亨利・芬克・芝诺女士（美国）	第 6 讲

B.S.= 波林根系列丛书（Bollingen Series）。New York and Princeton.

CW =《荣格作品全集》（The Collected Works of C. G. Jung）。Edited by Gerhard Adler, Michael Fordham, and Herbert Read; William McGuire, Executive Editor; translated by R.F.C. Hull. New York and Princeton (Bollingen Series XX) and London, 1953-1983. 21 vols.

Dream Analysis=《 C.G. 荣格在 1928 ～ 1930 年梦的讲座笔记》（Notes of the Seminar Given in 1928-1930 by C. G. Jung）。Edited by William McGuire. Princeton (Bollingen Series XCIX:1) and London, 1984.

Freud/Jung=《弗洛伊德与荣格通信集》（*The Freud/Jung Letters*）。Edited by William McGuire; translated by Ralph Manheim and R.F.C. Hull. Princeton (Bollingen Series XCIV) and London, 1974. New edition, Cambridge, Massachusetts, 1988.

Jung: Letters=《 C.G. 荣格通信集》（*C. G. Jung: Letters*）。Selected and edited by Gerhard Adler in collaboration with Aniela Jaffé; translations by R.F.C. Hull. Princeton (Bollingen Series XCV) and London, 1973, 1975. 2 vols.

Jung: Word and Image=《C.G.荣格：文字与意象》（*C. G. Jung: Word and Image*）。Edited by Aniela Jaffé; translated by Krishna Winston. Princeton (Bollingen Series XCVII:2) and London, 1979.

Jung Speaking=《C.G.荣格演讲集：采访与邂逅》（*C. G. Jung Speaking: Interviews and Encounters*）。Edited by William McGuire and R.F.C. Hull. Princeton (Bollingen Series XCVII) and London (abridged), 1977.

Liber Novus=《红书》（*The Red Book, Liber Novus*）。Edited and introduced by Sonu Shamdasani, translated by Mark Kyburz, John Peck, and Sonu Shamdasani. New York (Philemon Series), W. W. Norton, 2009.

MDR=《回忆·梦·思考》（*Memories, Dreams, Reflections by C. G. Jung*）。Recorded and edited by Aniela Jaffe; translated by Richard and Clara Winston. New York and London, 1963. (The editions are differently paginated; double page references are given, first to the New York edition.)

SE=《西格蒙德·弗洛伊德标准版心理学著作全集》（The Standard Edition of the Complete Psychological Works of Sigmund Freud）。Translated under the general editorship of James Strachey, in collaboration with Anna Freud, assisted by Alix Strachey and Alan Tyson. London and New York, 1953－1974. 24 vols.

Spring=《斯普林：原型心理学与荣格思想年刊》（*Spring: An Annual of Archetypal Psychology and Jungian Thought*）。New York and Zurich; now Dallas.

Types=《心理类型》（*Psychological Types*）。CW 6 (1971).

Zarathustra=《尼采的〈查拉图斯特拉如是说〉: C.G.荣格在1934～1939年的讲座笔记》(*Nietzsche's* "*Zarathustra*." Notes of the Seminar Given in 1934-1939 by C. G. Jung)。Edited by James L. Jarrett. Princeton (Bollingen Series XCIX:2) and London, 1988. 2 vols.

班级中成员发出请求，他们希望能将这些讲座的记录永久保存下来，哪怕只是以纲要的形式，因此这些多图的笔记得以付梓。与讲座现场的完整和生动不同，笔记异常“薄弱”，但笔者找不到任何可以弥补这个缺陷的方法。笔者必须激发班级中良好的意愿，请大家仅把这些笔记视为可以用来回忆的大纲。

为了方便阅读，笔者将在讲座、提问和讨论部分尽可能地呈现发言者的原话，但事实上，只有写下的问题才完全被逐字准确地收录。至于剩余的部分，笔者已经尽最大努力恢复发言人的原话。

图表不是出自笔者之手，是另外一位班级成员的重要贡献。其他成员也帮助我补充了大量的材料并纠正了错误。荣格医生已经阅读全文并纠正了其中的错误。

卡莉·F. 德·安古洛

苏黎世，1925 年 11 月 29 日

第1讲

1925年3月23日

荣格医生：

凡是对分析心理学真心感兴趣的人都会被其所包含的广阔领域震撼到，因此我认为如果我们在讲座的过程中能够获得对这一领域的大概认识，对我们而言将会是很有用的。首先，我将会向你们简要概括我从最初对无意识感兴趣到之后自己的无意识概念的发展过程。像以前的讲座一样，如果你们可以把自己的问题写下来，由我来筛选一些合适的问题进行讨论，将会对我有很大的帮助。

1896年发生的一些事情成了我未来生活的推动力。在一个人的生命中，这样的事情总是会出现，也就是说，他的家庭历史绝不是他创造性成就的独一无二的关键所在。使我对心理学开始感兴趣的是一个十五岁半的女孩，我在《论文集》中描述过她，[1]那是这一系列论文的第一部著作。这位女孩有梦游症，她的

1 "On the Psychology and Pathology of So-called Occult Phenomena" (tr. M. D. Eder), in *Collected Papers on Analytical Psychology*, ed. Constance E. Long (New York and London, 1916; 2nd ed., 1917), pp. 1-93. (CW 1, pars, 1ff., tr. R.F.C. Hull.) Cf. MDR, pp. 106f./109f. *2012*: F. X. Charet, *Spiritualism and the Foundations of Jung's Psychology* (Albany: State University of New York Press, 1993).

姐妹发现当她在入睡的状态下，问她问题就能获得非同寻常的答案：换句话说，她被认为是一名灵媒。我对这个情况印象深刻，尽管外在的表现让人困惑，但她的心灵中肯定存在一个看不见的生命，只在恍惚或睡着的状态下出现。一点点的催眠就能够使这位女孩进入恍惚的状态，随后她又能从类似睡着的状态中醒来。在恍惚的过程中，很多人格将会显现；逐渐地，我发现我能够通过暗示唤出某个人格。简而言之，我认为我能对他们施加影响。

当然，我对这些东西产生了浓厚的兴趣，并开始尝试解释它们，但有些事情我也无法做到，因为那时候我才 21 岁，对这些事情都很无知。但我对自己说，意识的世界背后肯定存在其他的世界，而这个女孩能够接触到这个世界。我开始研究招魂术，但没有找到满意的答案。接着我转向哲学，试图寻找任何与这些奇怪现象有关的线索。

那时候我在学医，对此有很深的兴趣，同时还对哲学很着迷。最终，我在寻找的过程中读到了叔本华和哈特曼的著作。[2] 我从叔本华那里学到了一个非常具有启发性的观点。他的基本观点是，存在的驱力是盲目的，作为存在驱力的意志是没有目的的；它仅是"偶然成为创造出世界的创造性意志"。这是他在《作为意志和表象的世界》(*The World as Will and Idea*) 中的立场。

---

2 关于荣格在巴塞尔大学读医学的时候对爱德华·冯·哈特曼（1842—1906）和亚瑟·叔本华（1788—1860）的发现，见 *The Zofingia Lectures* (1896-1899; CW, suppl. vol. A), index, s.vv.。*2012*：荣格所藏的叔本华的《作为意志和表象的世界》书中有一张藏书票，上面写的日期是 1897。书中有很多注解。1897 年 5 月 4 日，荣格从巴塞尔大学图书馆借阅叔本华的《附录和删节》(*Parega und Palimploma*)。他自己所藏的此书日期是 1897 年，书内有很多注解（特别是在先验思辨和看到鬼的章节)。1898 年 1 月 15 日，荣格从苏黎世大学的图书馆中借阅冯·哈特曼的《无意识哲学》(*Die Philosophie des Unbewußten*)，1898 年 9 月 13 日借阅《自在之物》(*Ding an Sich*)，1898 年 10 月 18 日借阅《基督教的自我衰亡和未来的宗教》(*Die Selbstzersetzung des Christenthums und die Religion der Zukunft*)。关于叔本华和冯·哈特曼，见 Angus Nicholls and Martin Liebscher, eds., *Thinking the Unconscious: Nineteenth-Century German Thought* (Cambridge: Cambridge University Press, 2010)。关于荣格对他们的作品的理解，见 Shamdasani, *Jung and the Making of Modern Psychology: The Dream of a Science* (Cambridge: Cambridge University Press, 2003), pp. 197f.。

但在《自然界中的意志》(*Will in Nature*)一书中，[3]他的态度又转到目的论，尽管这一点与他最早的论点截然相反，但可以说这样的事情在一个哲学家身上并不罕见。在后面这部著作中，他假设创造性意志是有方向的，我认同这一观点。之后，我对力比多的想法是，它并非无形的流，相反，它的特点是原型性的。也就是说，力比多绝不是以无形的状态从无意识中出现的，而总是以意象的方式出现的。打个比方，从无意识之矿中开采出的矿石永远是结晶的。

从对叔本华的阅读中，我获得了对自己正在研究的个案的初步的心理学诠释，也就是，我认为人格化应该是力比多形成意象的倾向造成的结果。如果我在这位女孩处于无意识状态时给的是一个特定人物的暗示，那么她就会将这个人表现出来，她给出的答案也会带有所暗示的这个人的特点。在这一点上，我开始确信无意识材料的趋势是以确定的模式流动着的。这也为人格的解体提供了线索。例如，在早发性痴呆（精神分裂）中，心灵中不同的部分在独立地起作用，但不同的部分通常没有什么含糊不清的；患者所听到的声音是不同的个体、特定的人发出的声音，这也是为什么这些声音如此真实。同样地，巫师术士一直要为他的“魂”赋予较高水平的个性和个人特质。这时候，我认为鬼是可能存在的。

那时，我早期的无意识思想受到了叔本华和哈特曼的启发。哈特曼的优势是他生活在叔本华之后的年代，因此他能够以更加现代化的方式阐述出叔本华的思想。他假设所谓的世界基础是有创造效力的无意识精神或实体，他称之为无意识，但把它纳入精神中。[4]他在这里所说的“精神”和叔本华所使用的意义不同。叔本华认为精神和盲目的创造意志相对，由于某些难以预见的意外，人类获得了对宇宙的意识镜映，也就是精神。人能够通过精神认识世界的恶，从而刻意地摆脱它，将自己置于创造性意志的对立面。在叔本

3 *Die Welt als Wille und Vorstellung* (1818)；*Über den Willen in der Natur* (1836).

4 *Philosophic des Unbewussten* (1869)；tr., *Philosophy of the Unconscious* (1931).

华的概念中，精神只属于人，与世界基础或无意识的精神无关。根据哈特曼的观点，我认为我们的无意识并非无意义的，而是包含精神的。在我采取这个立场之后，我发现了很多矛盾的证据，从而变得摇摆不定。我一度认为无意识中一定有某种目的，但我有时又确信什么都没有。

这时候，那位灵媒“结束了”，也就是说，她开始作假，我切断了所有与她的联系。[5]我持续观察了她两年，我完全投身于对她所呈现的复杂现象的研究中，力求与自然科学相协调，但我现在知道我忽略了这种状况中最重要的特质，即我与其的联系。这位女孩已经深深爱上我，我对此相当无知，也对其在她的心理中所起的作用也浑然不知。

在她的恍惚状态中，她为自己塑造了一个非常优越的性格，那是一位精神上无比美好的年长女性，而她在现实中是一位愚蠢又肤浅的女孩。因此，除了“降神”活动，她找不到其他的方式表达自己身上的这种无意识驱力，并将在那里发现到的内容付诸行动。她的家族原本是巴塞尔当地的元老家族之一，现在完全衰落了，无论是在经济上还是文化上。这位女孩可以被描述为一名“女店员”。当她见到我的时候，她发现我对她渴望的生活的各个方面都感兴趣，但命运让她无法体验那种生活。如果我明白自己现在所知道的，我就能理解她力图通过“降神会”将她最好的一面表现出来，但这只能让我看到她开始做一些丑陋事情时的愚蠢一面，即为了给我们留下深刻的印象而欺骗我们。我只把她视为一名毁坏自己声誉和破坏自己生命中机会的人。但事实上，正是欺骗行为将她强行推回到现实中。她放弃了自己的“灵媒降神会”，她的所有幻想的一面逐渐从存在中淡出。后来她前往巴黎，进入了一间著名的裁缝工作室。在相对较短的时间内，她建立了自己的事业，

5　*2012*：祖慕斯坦－普莱斯维克给出的关于降神会结束的说法是，荣格有一次将他的同学带来一起观看，他们的出现使海伦感到困惑，她的力量离她而去，但为了荣格，她尝试使自己进入舞动胳膊的催眠中，但没有效果。她开始表演，但被那些同学揭穿。他们都开始大笑，令荣格无法容忍（*C. G. Jung's Medium*, p. 92）。

并取得了很大的成功，做出了格外漂亮的新衣服。在这段时间，我在巴黎见过她，但几乎所有灵媒的体验都已经从她的精神中淡去。后来她染上了肺结核，但不愿承认她真的患上了这个病。在她去世的前几周，她的生命似乎是在不断地退行，最终一直退回两岁的样子，然后她便去世了。[6]

她是一个符合一般心理规律的例子，即为了进入更高的心理发展阶段，人们通常会犯一些很明显的错误，以至于严重到毁灭我们生活的程度。这个女孩的不诚实最终导致的结果是“灵媒降神会”的终止，之后她才能够在现实生活中活出她在无意识中为自己发展出的特征。她首先逐步在精神世界中创造出她在现实世界中想要的东西，但在此之后精神世界必须衰退才能使她摆脱那些超验元素。她的生命就是对立转化原则的一个实例，[7] 因为她从身上最邪恶的部分，即她欺骗的意图和弱小愚蠢的总体趋势开始，稳步发展到对立一极，于是她表现出身上最好的一面。

这段时期包含了我所有思想的起源，之后，我发现了尼采。[8] 我在24岁的时候阅读了《查拉图斯特拉如是说》。我不能理解它，但它给我留下十分深刻的印象，我在它和那位女孩之间感到了一些独特的相似性。当然，我后来发现《查拉图斯特拉如是说》也是来自无意识的作品，是一幅男性应该成为的肖像。如果查拉图斯特拉（主角）进入尼采的现实世界中，而非只停留

---

6 这个女孩是海伦·普莱斯维克，荣格的大表妹。见 Stefanie Zumstein-Preiswerk, C. G. *Jung's Medium: Die Geschichte der Helly Preiswerk* (Munich, 1975)，以及 summary in James Hillman, "Some Early Background to Jung's Ideas: Notes on *C. G. Jung's Medium...*," *Spring*, 1976, pp. 123-36。

7 *Psychological Types* (CW 6), def. 18。

8 *The Zofingia Lectures*, index, s.v. 见荣格之后关于《查拉图斯特拉如是说》的讲座（1934～1939），詹姆斯·L.贾勒特在这些系列讲座的引言中论述了荣格对尼采的兴趣。*2012*：关于荣格对尼采的阅读，见 Paul Bishop, *The Dionysian Self: C. G. Jung's Reception of Friedrich Nietzsche* (Berlin: Walter de Gruyter, 1995); Martin Liebscher, *Aneignung oder Überwindung. Jung und Nietzsche im Vergleich* (Basel: Schwabe, 2011); and Graham Parkes, "Nietzsche and Jung: Ambivalent Appreciations," in *Nietzsche and Depth Psychology*, ed. Jacob Golomb, Weaver Santaniello, and Ronald Lehrer (Albany: State University of New York Press, 1999), pp. 205-27.

在他的“精神世界”，理智的尼采将会离开，但尼采没有完成这个使之实现的功绩，这绝非他的大脑能操控的。

在这段时间内，我一直在医学院学习，同时我也一直在阅读哲学著作。当我 25 岁的时候，我通过了医学的最后考试。我一直想成为内科专家，我对生理化学有浓厚的兴趣，还有机会成为一位名人的研究助理。[9] 那时我从未考虑过从事精神病学的工作。其中一个原因是我的父亲是一名神职人员，他和市里的精神病院有联系，又对精神病学十分感兴趣。像所有的儿子一样，我知道无论我父亲喜欢什么都是错的，因此我尽可能小心地避开。我没有读过一本关于精神病学的书，但我在准备最后的考试时开始阅读。当时我得到了一本教材，开始对这个白痴的学科进行研究。那是克拉夫特 – 艾宾的著作。[10] 我对自己说，“任何愚蠢到为这一主题写教科书的人都一定会在序言中自我辩解”，因此我开始看序言。但在我阅读完第一页之后，我已经对它开始感兴趣了；在我阅读完第二页的一半时，我的心跳加速，几乎不能继续读下去。“天啊，”我想，“这正是我想成为的，一名精神科医生。”我在考试中取得了第一，当我告诉所有的朋友我想成为一名精神科医生时，他们都感到无比地吃惊。没有人知道我在克拉夫特 – 艾宾的书中已经找到了我想要解开的谜题的线索。他们说：“好吧，我们一直认为你是疯了，现在我们知道你的确疯了。”我没有告诉任何人我打算研究精神病人的无意识现象，但那是我的决心。我想要抓住精神的入侵者，这些入侵者使人在他们不应该笑的时候发笑，在不应该哭的时候放声大哭。当我在进行联想测验研究的时

9 Friedrich von Müller. Cf. MDR, p. 107/110.

10 Richard von Krafft-Ebing, *Lehrbuch von Psychiatrie auf klinische Grundlage*, 4th ed. (1890); tr., *Test-Book of Insanity Based on Clinical Observations* (1904). Cf. *MDR*, p. 108/110. 荣格的图书馆中藏有德文第 4 版。

候，[11] 正是测验揭示的缺陷引起了我的兴趣。我仔细记下被试不能完成实验的地方，通过观察，我逐渐发展出了自己的自主情结理论，即自主情结是造成力比多流动阻塞的原因。与此同时，弗洛伊德也发展了他的情结概念。

我在1900年阅读到弗洛伊德的《梦的解析》（*Dream Interpretation*）。[12] 我并没有理解它的重要性，将它置于一旁。后来我在1903年又重新阅读，并发现了它与我自己理论的联系。

---

11 “字词联想研究”（1904～1909），CW 2。荣格与弗洛伊德的通信也开始于他将自己和同事所写的《诊断联想研究》(*Diagnostische Assoziationstudien*) 的第一卷作为礼物送给弗洛伊德。在这些内容中，《精神分析和联想实验》(Psychoanalysis and Association Experiments，1906）是荣格在精神分析领域发表的第一篇重要的论文。见 *Freud/Jung*，1 F (11 Apr. 1906)。

12 *The Interpretation of Dreams* (1900; SE，vols. IV-V)。见 *MDR*，pp. 146f./144。也见荣格在1901年1月25日的报告，论弗洛伊德的《论梦》(*Über den Traum* 1901，是1900年作品的概述)，CW 18，pars. 841ff。荣格第一次引用《梦的解析》是在专著《超自然现象》中（1902），见 CW 1，pars. 97 and 133。

问题与讨论

萧博士的问题：“你在上周一讲的这位女孩的案例，如果她能够被适当地分析，有人协助她找到真正的自己，使其处在她优越的无意识人格化和她自卑的人格面具之间，如果是这样，你认为，她能免于因这样的退行而凄凉死去的结局吗？

“在这样的案例中，你可以解释调节功能是如何被创造的吗？如果将它称作一种创造，称作对立两极形成的新事物，正确吗？”[1]

荣格医生：这位女孩当然能借助分析减少悲剧，她的发展也将变得更加顺畅。分析的要点是使无意识的内容意识化，从而避免类似的错误。

关于调节功能，这个原则可以被这样一个案例很好地解释。为了解释这一点，我们需要对立原则。这位女孩的问题是，她生活的环境对她的天赋而言太局限了，她无法触及地面，她的环境明显缺乏思想，到处都是心胸狭隘和贫乏的；而她的无意识呈现的是完全相反的画面，她在那里被非常重要之人的魂包围着。这

1 引用的问题一般都是以手写的形式提交给荣格的。

种极端的两极所引发的张力是调节功能的基础。她尝试在她的灵媒圈子中表现出这种调节功能，并寻找走出她所处困境的机会。因此她的现实生活和她的无意识生活之间的张力增加了。就像我所说的那样，在现实中，她是一位微不足道的女店员；在她的降神会中，她是一位与伟大精神有联系的人。当这种对立以那样的方式出现时，必然会发生某些事情将它们拉在一起。

这一直是一个很难处理的情况。例如，如果我已经告诉她，她在自己的无意识中是一名重要的人物，我就可能会在她的身上激发一个错误的幻想系统，最好的方法是让她回到生活中面对自己的问题，有所作为。同理，人们说我是一个大人物，成千上万人都这么说，但我不会相信，除非我能够接受考验，并完成某些事情。在她身上，这一点很难实现，因为在将她从无意识幻想中的错误元素中解脱出来的时候，一直存在着与她所渴望的事物失去联系的风险，从而令她对自己失去信心。分析师永远不能确保患者在扔掉自己的一个错误形式时，没有把被容纳的价值也一起扔掉。

对于这个女孩而言，调节功能的运作顺序如下：首先她讲到鬼魂，接着她与祖父的“魂”建立联系。祖父在家族中享有崇高的地位，他的道路总是正确的，无论他说什么都会受到赞扬；接着歌德以及各式各样的伟人都进入了她的幻想；最后，她认同的重要人格得到了发展。这就像每一个留在她心中的伟大人物成长出更大的人格一样。大家都知道，柏拉图提出的原则是，如果不把某些东西带入灵魂，就不可能看到它丑陋的一面，同样如果没有对美好的东西做出反应，就不能与之建立联系。[2] 在这个女孩身上所发生的正是类似的事情。

她发展出的形象便是调节的象征。这是她逐渐发展出的具有生命力的形式。因此，一种从对立两极中解放出来的态度被创造了出来。她一边使自己摆脱她周围的肤浅环境，一边又在摆脱不属于她的鬼魂。有人会说，当本性

---

2 *2012*：Plato，*The Republic*，401d-b。

独自运作时，它会顺着调节或超越功能起作用，[3]但不得不承认，有时候本性会与我们作对，也就是说，将错误的人格带入现实。我们的监狱和医院中充满了不幸的人，而他们都是本性“实验”的产物。

邓纳姆女士：为什么那个女孩会恢复到一个儿童的状态？

荣格医生：这是因为力比多的衰退，其越来越早地注入生命的曲线中，而生命的曲线一直显示出对一定张力的需要。在年轻的时候，力比多填充在比较协调的框架中，而在老年的时候，力比多散布在更小的范围内。

我们回到超越功能，一方面可以在事实中看到它，另一方面可以在想象中看到它。这会产生两个极点。在这个女孩的个案身上，在想象一侧的幽灵走得太远了，而现实的一侧又过小。当她进入现实的时候，她是一流的女裁缝。

幻想是创造性的功能，有生命力的形式源自幻想。幻想是象征的预备阶段，但象征有个基本特质，它不能仅仅是幻想。我们依赖幻想将我们带出僵局，因为虽然人们并不总是着急去认识扰乱他们生活的冲突，但梦一直在起作用，一边试图提示这个冲突，一边又告知引领出路的创造性幻想。接着，幻想便成为将材料带入意识的物质。有人会承认自己处在僵局中，并放任幻想，但与此同时，意识必须保持对其掌控，以便不时检查本性的实验倾向。也就是说，我们必须牢记无意识会给我们带来灾难。此外，我们必须小心不要去规范无意识，它可能需要新的方式，甚至不要规范一个受灾难困扰的人。生命通常需要尝试我们所生活的时代完全不能接受的新方式，但我们不能出于这个原因放弃新的方式。例如，从路德所生活的时代标准看，他被迫进入的新生命道路几乎是犯罪。

德·安古洛博士的问题：（1）“当你第一次读叔本华的作品时，你并不认同他对当今世界影响力最大的观点，也就是他对生命的否定，而选择他倾

---

3 *2012*：见 Jung, “The Transcendent Function” (1916), CW 8。

向于认可的生命的目的性原则。当你做出那个选择的时候，主流的哲学思想肯定与之背道而驰。我想知道更多关于你为什么做出那个决定的内容。在你遇到叔本华之前，你对这种方式有偏好吗？还是说对你而言，叔本华是第一个形成那个概念的人？你对这个女孩的观察对你理解叔本华的观点有帮助吗？或者他为你解释了这个女孩吗？还是二者都有？”

（2）“我不清楚你是否相信能够被追溯到无意识作品中的目的性原则是只能够应用到个体生命的东西，还是作为从背后指挥宇宙的一般目的性原则的一部分？”

（3）“我理解你说的‘更高发展水平的获得总是以一些明显的可怕错误为代价’，是一条一般的心理学法则。因此我想当然地认为分析的经验能够使人避免这样的错误，而取代牺牲的原则。这样理解对吗？”

荣格医生：（1）我是从叔本华那里第一次了解到意志的普遍驱力思想，这个概念本身是目的性的。它对我理解那个女孩呈现出的问题非常有帮助，因为我认为我能够清晰地将在她无意识中起作用的标志追溯到一个目标上。

（2）我开始对无意识的本质感兴趣，并问自己它是否是盲目的。我对此的回答是否定的，它一般是有目的的。但如果有人问无意识是否是世界本身，或者是否是心理，那这个问题就会变得棘手。将大脑视为宇宙的背景对我而言是不可能的，因此我并不能将目的性的原则扩大到宇宙的水平上，但我现在必须根据无意识和宇宙的关系修正我的观点。如果我只从理智的角度上思考这个问题，那么我的说法还是和以前一样，但还有另外一种看待这个问题的方法，也就是说，我们能问：“我们有满足这些形而上学问题的需要吗？”我们如何为这个问题找到合适的答案？理智会在这个任务面前否定自己。还有另外一个解决它的方法。例如，假设我们正在关注某一历史问题，如果我有 500 年的时间可用，我就能解决它。现在，我身上有一个数百万岁的“人”，而且他或许能够为这些形而上学的问题提供线索。如果我们将这些东西置于无意识中，当我们得到适合这个“老人”的观点时，事情就会一切正常。如果我持有的观点和无意识不一致，它们肯定会使我得病，那样我们可以肯定地说这些观点和宇宙中的某些主流是相反的。

德·安古洛博士，你对这些答案满意吗？

德·安古洛博士：我想我能理解你的意思，但我不能接受。

荣格医生：我们要进一步讨论吗？

德·安古洛博士：不用。

荣格医生：关于你的第三个问题，我不认为分析能够帮助我们避开所有的错误，否则人们会去分析生命，而不去生活。人们需要愉快地犯错。最完美的分析也不能避免错误。有时候你必须犯错，而且你身上道德的东西只有在你给它们机会时它们才会出来。对真理的认识在你给自己去犯错的机会之前不会显现。我十分相信黑暗和错误在生命中起到的重要作用。当分析是建立在可靠的技术上时，它肯定不仅仅能将人从黑夜带到白天，还要将其带回去。的确，你可以用牺牲代替一些荒唐可笑的事情。

曼博士的问题：“如果尼采能够或愿意将查拉图斯特拉的理想在他自己的生命中实现，那么这本书会被写出来吗？”

荣格医生：我相信这本书无论如何都会被写出来的，因为创造精神中有巨大的驱力使幻想的产品降格到某些相对固定的形式，从而可以控制它。实际上，所有人都会树立偶像，从而能够使他们的理想固定下来或获得具体的形态。有人会说每一个象征都渴望被具体化。请记住这一点，当我们在《旧约》中读到“直到现在，耶和华都在帮助我们”被刻在石头上的时候，[4] 我们

---

4 《撒母耳记上》7 章 12 节：“撒母耳搬来了一块石头，把它竖立在米斯巴和善之间，给这块石头起名叫以便以谢，说，‘直到现在，耶和华都在帮助我们’。”

知道他们是为了守住将他们带到如此之远的信仰才这么做的。埃及人有金字塔和防腐技术，其目的是具体化永生的原则。同样，尼采也感觉到了具体化他心目中的象征意义的需要。

这是事情发展的常规过程。人们要首先创造象征，之后问自己“事情是怎么发生的”或者“它对我意味着什么”。可以肯定的是，这需要有很强的反思精神，大多数艺术家并没有，而尼采确实拥有较高的水平。当艺术家没有获得反思精神时，一般他们会想尽快远离自己的作品。他特别想远离意象，非常讨厌去谈论它。因此在《心理类型》出版之后不久，斯皮特勒[5]在一次讲座中诅咒那些想要去理解象征的人。在他看来，《奥林匹克之春》（*Olympische Frühling*）没有象征意义，如果你想从它那里寻找意义，这就像你从小鸟的鸣叫中获取象征一样。当然，斯皮特勒的作品满载象征，只不过他不想承认它。事实上，艺术家实际上经常害怕看到象征，也害怕知道自己的作品意味着什么。分析对二流的艺术家而言是致命的，但那应该是件值得骄傲的事情。在分析中，或者在一个被分析的人身上，只有重大的部分能出现，尽管我们时代的趋势使每一只小猫或蠕虫都能很容易出现在艺术的世界中。每个使用画笔的人都是一个艺术家，每个用笔的人都是一名作家。分析将这样的“艺术家”排除在外，这是他们的毒药。

戈登博士：[6]带来“猫”和“蠕虫”的人会怎么想它们？

荣格医生：在一天的工作之后，他会认为生命很艰难，他必须克服这些

5 卡尔·斯皮特勒（1845—1924）是瑞士诗人，荣格在《心理类型》（orig. 1921；CW6）中论述了他的作品《普罗米修斯和埃庇米修斯》（1881）和《奥林匹克之春》（1900）。

6 *2012*：玛丽·戈登博士（1861—1941）是一名女性主义者，也是英国第一位女监狱长。1920年，她在伦敦接受荣格式分析，她认为这对理解她的监狱工作很有帮助，并在1922年前往苏黎世。她写信给同事说：“我来这里学习分析心理学已经有9个月了，一直在进行自我分析。这是一个非常美好的经验。我支持荣格，我敢说他的理论与弗洛伊德的绝对不同，他的理论更庞大。很多来自英国和美国的医生一直支持他，这很有趣……在我到达这里的时候，我有非常严重的‘休克’症状，但荣格医生提供了很好的帮助。”（感谢莱斯利·霍尔提供的材料。）

东西去劳动。这是他的无意识施加到他身上的压力，但他不能将其创造的成果和艺术混为一谈。

讲　座

我在自己的联想实验中发现了压抑的证据，这使我相信弗洛伊德理论的真实性。病人不能对某些引起痛苦的测验做出反应。当我问他们为什么不能对刺激词进行反应的时候，他们总是说他们不知道为什么，而他们此时总是以一种特别又不真实的方式讲话。因此我对自己说，这肯定就是弗洛伊德所描述的压抑，实际上，所有压抑的机制都在我的实验中变得清晰。

关于压抑的内容，我不能认同弗洛伊德。在那时候，他认为只有性创伤和休克可以解释压抑，但我有相当多的神经症个案经验，在这些个案身上，与社会适应所起的作用相比，性所起的作用只处于从属地位。例如，那位灵媒女孩就是这样的一个例子。

第3讲[1]

荣格医生：

切勿认为，正确理解弗洛伊德，或者我应该说，找到他在我生命中的恰当位置，是一种对我来说很容易的工作。那时候，我希望以后从事科研工作，正准备完成一部能够帮助我进入大学的作品。[2]弗洛伊德在当时的医学界非常不受欢迎，重要的人物几乎都不会提及他；开会的时候，人们只在走廊中谈论他，从不在开会的过程中讨论他，与他的联系会给个人的名声带来威胁。因此，我在联想实验中的发现由于直接与弗洛伊德的理论联系在一起，也变得非常不受欢迎。有一次，当我在实验室的时候，我突然想到弗洛伊德实际上已经阐述出了一个能够解释我实验的理论。[3]同时，魔鬼在我耳边低语，说我能够将我的

1 此讲的部分内容经过大量的修订之后被收录在《回忆・梦・思考》的第 4 章和第 5 章。

2 见 *MDR*, pp. 147ff./145ff.。荣格在 1905 年成为苏黎世大学的无薪讲师（同上，117/118）。

3 *2012*：回顾过去，荣格强调弗洛伊德的压抑概念和他的解离模型之间的显著差异。见 Richard Evans (1957), " Interview with C. G. Jung, " in *C. G. Jung Speaking: Interviews and Encounters*, ed. William McGuire and R.F.C. Hull (Princeton, NJ: Bollingen Series, Princeton University Press, 1977), p. 283。关于这一问题，见 John Haule, " From Somnambulism to Archetypes: The French Roots of Jung' s Split from Freud, " *Psychoanalytic Review* 71 (1984); pp. 95-107，以及拙著 "From Geneva to Zurich: Jung and French Switzerland, " *Journal of Analytical Psychology* 43, no. 1 (1998): pp. 115-26。

作品完美地出版，而不用提到弗洛伊德。我早在遇到弗洛伊德之前就已经完成自己的实验，因此可以称这些实验的进行完全独立于弗洛伊德。但是，我立即看到这样做有说谎的成分，而我并不打算这么做。因此我极力支持弗洛伊德，在接下来的会议中为他辩护。当时有一位演讲者，在解释神经症的时候直接忽略弗洛伊德。我对此表示抗议，第一次为弗洛伊德的思想而战。后来，在另外一次会议上，有一个关于强迫症的讲座，论及弗洛伊德作品的部分再次被删除。[4] 这一次我在一份著名的德语报纸上发表了一篇文章，对此人进行回击。[5] 无数的攻击立即针对我展开，那人写信警告我说，如果我一定要加入弗洛伊德的阵营，那么我的学术前景将十分不妙。当然，我感觉如果我要为自己的学术前景付出这样的代价，确实十分糟糕，但我继续写论文为弗洛伊德辩护。

同时，我还在继续自己的实验，但我依然不能认可弗洛伊德认为所有神经症都源于性压抑的观点。弗洛伊德已经发表了 13 个歇斯底里的案例，[6] 报告中的所有案例都是由性侵造成的。后来，我与弗洛伊德见面，他承认至少在这些个案中的几个里，他受到了愚弄。例如，其中一个女孩说她在 4 岁的时候受到父亲的性侵。这位男性正好是弗洛伊德的一个朋友，弗洛伊德后来确信那位女孩的故事是个谎言。之后的研究也揭示出这一系列中的其他个案也是编造的，但他不愿撤稿，他的行事风格一直是让事情保持他最初呈现的样子。因此所有这些早期个案都有不可信之处，而且那个由他和布洛伊尔合作

---

4 见 *Freud/Jung*, 2 J (5 Oct. 1906), 6 J (26 Nov. 1906), and 43–44 J (4 and 11 Sept. 1907)；荣格最初的两篇论文被收录在 CW 4 中。*2012*：关于 1916 年巴登 – 巴登与图宾根的会议和 1907 年在阿姆斯特丹的会议，见 Mikkel Borch-Jacobsen and Sonu Shamdasani, *The Freud Files: An Inquiry into the History of Psychoanalysis* (Cambridge: Cambridge University Press, 2011), chapter one。

5 *2012*：这里指的是荣格的论文，"Freud's Theory of Hysteria: A Reply to Aschaffenburg's Criticism" (CW 4)，最初发表 *Münchener medizinische Wochenschrift*, LIII:47, November 20, 1906, pp. 2301–2。

6 *Studies on Hysteria* (1893; SE II) 有四个弗洛伊德所写的个案史；附录 B，弗洛伊德论歇斯底里转化的著作表，引用了另外 11 篇 1906 年发表的作品。

且被传颂为经典的成功心理治疗个案也与事实不符。[7]弗洛伊德告诉我，在布洛伊尔最后一次见这位女性的时候，他被叫了过去，[8]由于移情的中断，她正经历严重的歇斯底里发作。根据其最初被呈现的情况，此个案根本没有被治愈，但这是一个非常有趣的个案，有趣到没有必要去指出有些事情并未发生。我当时并不知道这些事情。

除了做实验外，我还针对很多精神错乱的个案进行工作，特别是早发性痴呆的个案。[9]那时候在精神病学领域还没有心理学的观点。每个个案都会被贴上一个标签——或是“退化”或是“萎缩”，然后工作就结束了，除此之外就不会再做别的了。只有在护士那里才能看到对患者心理的兴趣，其中一些是对于病症非常高明的猜测，但医生对此浑然不知。

例如，在女性病房中有一位老年个案，[10]这是一位75岁的女士，她已经卧床40年了。她可能是在将近50岁的时候被送到精神病院的，时间如此之久，以至于没有人能记得她入院的具体时间，因为和她同时入院的人都已经去世了。只有一名已经在医院工作长达35年的护士长了解这位患者的早期历史。这位老患者不能讲话，只能吃流食，而她的手指只能做特定的勾手动作，因此她有时需要两个小时才能吃完一杯食物。当她不吃饭的时候，她会用手和胳膊做特别奇怪的动作。我看着她的时候想：“多么可怕啊。”这就是我当时唯一的看法了。她在诊所中时常被当作强直性昏厥的早发性痴呆老年个案。他们对如此非比寻常的行为做的解释在我看来完全说不通。

此个案和它对我的影响在我对精神病学的全部反应中十分典型。我进

7 关于约瑟夫·布洛伊尔的个案安娜·O.的历史，见 SE II, pp. 21-47。荣格最早在1902年引用《癔症的研究》(*Studies on Hysteria*) CW 1, n. 114。

8 *2012*：由于弗洛伊德当时是一名医学生，他被叫去的可能性不大。关于安娜·O.的个案，见 Mikkel Borch-Jacobsen, *Remembering Anna O.: A Century of Mystification*, trans. K. Olson in collaboration with X. Callahan and the author (New York: Routledge, 1995)。

9 “The Psychology of Dementia Praecox” (1907), CW 3, pars. 1ff.

10 “The Content of the Psychoses” (1908), CW 3, par. 358. Cf. *MDR*, pp. 124ff./125ff.

行了长达6个月的斗争，绝望地在这里寻找自己，但总是遇到越来越多的阻碍。当我看到我的领导[11]和同事对自己很有信心的时候，我感到被深深地羞辱，只有我在绝望地飘荡。我的不理解给我带来自卑的感觉，我不忍走出医院。在这里，我是一个不能正确理解自己职业的人。因此我一直留在医院中，全身心研究自己的个案。

后来一天晚上，当我走过病房时候，我看到我在上文描述的那位老妇人，我问自己："到底是为什么？"我去找护士长，问她这位患者是不是一直如此。"是的，"她说，"以前我听男病房的护士长说她过去常常做鞋子！"我查找档案，里面提到的情况是她做出像在做鞋一样的动作。早期的鞋匠会把鞋子放在两个膝盖之间，做将线拉出来的动作，这些和这位老妇人以前做出的动作一模一样。我们依然可以在一些经济落后的地方看到鞋匠这样的动作。

在这位患者去世之后不久，大她3岁的哥哥来到医院。"你的妹妹为什么会精神失常呢？"我问他。他告诉我她以前与一位鞋匠相爱，但出于某种原因，那个男人不能娶她，她就精神失常了。她一直清晰地记着他做那些动作的场景。

这是我对早发性痴呆的心理起因的初步了解。后来我一直仔细观察这些个案，并注意到心因性要素。我开始明白弗洛伊德的概念很难阐释这些问题。这就是《早发性痴呆的心理学》（*The Psychology of Dementia Praecox*）的起源。很少有人支持我的观点。事实上，我的同事会嘲笑我。这是一些人在被问及他们对一个新想法如何考虑的时候感觉到困难的例子。

1906年，我仔细地研究了一则早发性痴呆的案例。[12]这又是一位裁缝，

---

11 保罗·尤金·布洛伊勒（1857—1939），伯格霍茨利医院在1898～1927年的领导。

12 《早发性痴呆的心理学》中主要的案例，B.St.或巴贝特·S.，pars.198ff.；也见"The Content of the Psychoses"(1908)，CW 3，pars. 363ff. Cf. *MDR*, pp. 125-28 (both eds.)

但并不是一位年轻的女孩，而是一位56岁的老妇人。她看起来很丑，以至于当弗洛伊德来医院参观，想要去看我正在治疗的病人的时候，他大吃一惊，对我能够忍受和这样一位如此丑陋的人工作感到吃惊，但这位病人给我留下了深刻的印象。

她来自苏黎世的老城区，那里街道既狭窄又肮脏，她不仅在那里痛苦地出生，同时也在痛苦中长大。她的妹妹是个妓女，她父亲是个酒鬼。她的精神失常是早发性痴呆的偏执形式，也就是说，她的崇高思想和压抑思想（或者说是我们现在所说的自卑）夹杂在一起。我将她的材料详尽地记录下来，在我们交谈的时候，她的声音会出来打断，说一些这样的内容："告诉医生，所有你说的都是无稽之谈，他不用去在意。"有时候当她强烈抗议被关在精神病院的时候，那声音会说："你完全知道你是精神失常，就应该留在这里。"她自然地对这些声音有很大的阻抗。我认为她的无意识已经完全处于高位，她的自我意识已经进入无意识中。让我感到吃惊和困惑的是，我进一步发现，夸大和贬低的想法来自同一个或相同的源头。贬低的想法是那些被虐待的，或受到错误对待的，或恶劣的想法。我将之称为自我贬低，而将夸大的想法称为自我欣赏。最初，我认为无意识不可能以这种方式产生对立的两极，因为我依然在沿用叔本华和哈特曼–弗洛伊德的思路，即无意识只是一种驱力，自身不能呈现出冲突。后来我认为这两者可能来自不同的无意识水平，但这讲不通；最后我必须承认那位女士的精神在同时使用两种原则。

之后的案例都证实了我的发现。例如，我有一名个案是一位非常聪明的律师，他有妄想症。在这些个案身上，他们只有一种自己是精神失常的想法，也就是感到被害；在其他情况下，他们能适应现实。这样的个案会发展出如下状况：一个人认为他发现别人正在谈论他；接着他问自己为什么，而他给自己的答案是，他肯定是某个别人想摧毁的重要人物。逐渐地，他认为自己是必须被消灭的弥赛亚。我刚才讲到的那个人很危险，他试图谋杀，当他被释放后，又试图去谋杀。他拥有显赫的政治地位，人们可以和他交流。

他憎恨医生，花了大量的时间诅咒他们。有一次他在我面前崩溃的时候说，“我知道精神病学家都是最优秀的人”，接着他就不省人事了。这是我和他工作三个小时之后的事。当他再次苏醒的时候，他处在自己以前的贬低状态，这种贬低是对夸大的补偿。我如此坚持这一点是因为，它是无意识中优柔寡断的反面；换句话说，无意识包含对立的两极。

通过这部论述早发性痴呆的著作，我开始和弗洛伊德接触。[13] 我们在1906年相见，我在第一天见到他时是下午1点，我们一直交谈长达13个小时。他是我所遇到的第一个真正重要的人物，没有人能和他相比。我感觉他极度机敏、聪明，非同寻常，但我对他的第一印象又有点让我困惑，我不是很能理解他，尽管我发现他对自己的性欲理论绝对是认真的，他的态度没有任何杂念。这令我印象深刻，但我有严重的怀疑。我将这一点告诉他，但无论我在什么时候说，他总是说这是因为我还没有足够的经验去形成批判。我能够看出这个性欲理论对弗洛伊德极为重要，不仅是在个人层面，还是在哲学层面，但我不明白这是否来自个人的偏见，因此我一直对整个情境保持怀疑。

弗洛伊德对他的性欲理论的严肃程度给我留下的另一个深刻印象是：他始终如一地将精神性贬低为被压抑的性欲，因此我说如果人们完全接受这个立场，那么人们肯定要说我们的整个文明都是荒谬的，只是被压抑性欲的病态创造。他说：“是的，就是如此，它的存在就像命运的诅咒，我们无能为力。”[14] 我的心中十分不情愿就此罢休，但我仍不能和他辩论出结果。

那些天的第三个印象所涉及的事情，我很久之后才清楚，在我们的友谊结束很多年之后我才全明白。当弗洛伊德在说性欲的时候，他好像是在谈论

---

13 见 *MDR*, p. 149/146：“通过这部著作，我开始与弗洛伊德结识。”荣格在1906年12月寄给弗洛伊德一本《早发性痴呆的心理学》(*Über die Psychologie der Dementia praecox*)；*Freud/Jung*, 9 J。荣格和他的妻子第一次在1907年3月3日到维也纳拜访弗洛伊德：同上，p.24。

14 见 *MDR*, p. 150/147。

上帝，像一个人在说他已经经历的改变，就像印第安人眼里含着泪水谈论太阳一样。我记得当我站在山上看普韦布洛的时候，一个印第安人轻轻地来到我的身后，突然轻声对我说："你不认为所有的生命都来自山里吗？"[15]那便是弗洛伊德谈论性欲的方式。他的脸上闪过一个特别的表情，而我不能理解其中的原因。最后，我似乎通过思考那些对我而言依然是晦涩的内容才获得成功，也就是弗洛伊德的苦涩。有人会说弗洛伊德就是由苦涩构成的，他的每一个词都充满苦涩。他的态度就是一个完全被误解之人的苦涩，他的行事方式似乎一直在说："如果他们不能理解，就应该被送到地狱。"在我们第一次见面的时候，我就在他身上注意到了这一点，并且总能在他身上看到，但我没能看到他的态度和性欲之间的关系。

我认为可以这样解释：尽管弗洛伊德对精神性持否定的态度，实际上他在现实中对性欲保持神秘的态度。当有人反对他说一首诗不能只以性欲为基础去理解，他会说，"不，当然不能，那是心理性欲"，但在分析这首诗的时候，他会拉出这条线，最后只剩下性欲。现在我认为对他而言，性欲是个双重概念，一面是神秘的元素，另一面是性欲本身，但只有性欲出现在他的术语中，因为他不承认他有另一面。我认为，从他表现出的情绪看，他拥有另一面是非常明显的。因此他总是在挫败自己的目的，他想要去教导说，从内部看，性欲包含精神性，但他只使用具体的性概念，只传递错误的思想。他的苦涩来自不断和自己作对，因为没有什么比自己是自己最残酷的敌人更加苦涩了。

弗洛伊德无视无意识的二元性，他不知道事物有上也有下，有内也有外，如果你只讲后者，那么你所讲的只是壳。但他不对自己心中的这个冲突做任何事情，唯一的机会是让他有从壳内看到精神性作用的体验，但他的理智必然"只"留下性欲。我尝试向他呈现一些案例，向他展示其他的元素，

15 荣格在3个月前的1925年1月到新墨西哥州的陶斯普韦布洛进行了一两天的参观。见*MDR*, p. 252/237, William McGuire, "Jung in America, 1924-1925," *Spring*, 1978, pp. 37-53。

而非性欲元素，但他总是认为除了被压抑的性欲之外没有任何东西。

如我上文所讲，这种非常痛苦的人总是那些与自己对抗的人。当我跟自己作对的时候，我投射出自己感觉到的不确定和恐惧。如果我想要避免这一点，唯一需要解决的问题是我自己。弗洛伊德不知道无意识产生一种与一元原则相对的元素，而他只服从于一元原则。我感觉他是一个悲剧的角色，因为他是一位伟人，但事实上他在逃避自己。他从来不问自己为什么一直讨论性，他像其他艺术家一样逃避自己。事实上，具有创造性的人物经常会这样做。

就像我所讲的那样，在我和弗洛伊德分裂之后不久，这些想法便出现在了我的脑海里。我讲给你们，是因为就像你们所知道的那样，我和弗洛伊德的关系一直以来都是公众讨论的事件，因此我必须给出自己的观点。

在我第一次拜访弗洛伊德之后，我不认为性欲的要素应该被如此强调。有些东西令我迷惑，我开始重新查看我的案例，但并未对外声张。1909 年，弗洛伊德和我都被邀请到克拉克大学参会，有 7 周的时间我们每天都在一起。[16] 我们每天都相互分析梦境，那时候我开始有一种感觉，这是一种致命的感觉，也就是觉察到了他的局限。我有两个梦，他完全不能理解。当然我并不介意，因为即使是最伟大的人也会对梦有那样的体验。这也只是人类的局限，我从不会将之视为无法将友谊继续下去的原因；相反，我希望继续下去，我感觉自己就像他的儿子。接下来发生的事情终结了这一切。

弗洛伊德有一个梦，梦中包含了一个重要的主题，但我在这里不能讲这个梦的内容。我对这个梦进行了分析，我说如果他能跟我多讲一些他的个人生活，这个梦还有很多可以探讨的地方。他的眼睛中散发出一种异常怀疑的

---

16 见 *MDR*, pp. 156, 158/152, 154。

眼神，并对我说：“我可以跟你讲更多，但我不能拿我的权威冒险。”[17] 我知道进一步的分析是不可能了，因为他将权威置于真理之上。我说我们就此打住，我再也没有继续问更多的内容。你必须明白，我在这里讲得非常客观，但我必须将这个与弗洛伊德有关的经历讲出来，因为这是我与他的关系中最重要的要素。他不能忍受任何形式的批评。

由于弗洛伊德只能部分驾驭我的梦，在梦没有被理解之前，梦中的象征材料会不断增加。如果是狭隘地看待梦的材料，那么就会出现解离的感觉，也会有失明和失聪的感觉。当这种情况发生在一个被孤立的人身上时，他会麻木。

在我从美国回来的路上，我做了一个梦，那个梦成了我的著作《无意识的心理学》的起源。[18] 在那时候，我对集体无意识一无所知；我认为意识是地上的房间，而无意识是地下室，那么地下的泉水是身体，发出本能。这些

---

17 *2012*：在数次的采访中，荣格指出他意识到弗洛伊德的梦与他和自己妻子的妹妹明娜·伯纳斯的婚外情有密切的关系（在 1953 年 8 月 29 日接受库尔特·艾斯勒的采访，Sigmund Freud Collection, Manuscript Division, Library of Congress, Washington, DC）。John Billinsky, “Jung and Freud (the End of a Romance),” *Andover Newton Quarterly* 10 (1969): pp. 39–43。关于这一点，见 Peter Swales, “Freud, Minna Bernays, and the Conquest of Rome: New Light on the Origins of Psychoanalysis,” *New American Review* 1 no. 2–3 (1982): 1–23；以及 Franz Maciejewski, “Freud, His Wife, and His ‘Wife,’” *American Imago* 63 (2006): pp. 497–506（后者指的是有报告称，1898 年 8 月弗洛伊德和他妻子的妹妹在瑞士的马洛亚的施韦泽豪斯酒店登记入住同一个房间，登记的名字是“弗洛伊德先生和夫人”）。

18 荣格最初将《力比多的转化与象征：思想进化的研究》（*Wandlungen und Symbole der Libido: Beiträge zur Entwicklungsgeschichte des Denkens*）分成两个部分发表在 1911 年和 1912 年的《精神分析和心理病理研究年鉴》（*Jahrbuch für psychoanalytische und psychopathologische Forschungen*）上，书在 1912 年出版；比阿特丽斯·M. 欣克尔将其翻译成《无意识的心理学：力比多的转化与象征研究；思想进化史的研究》（*Psychology of the Unconscious: A Study of the Transformations and Symbolisms of the Libido; A Contribution to the History of the Evolution of Thought*，1916）。经过全面的修订和扩展后出版的标题是《转化的象征：精神分裂症前兆的分析》（*Symbole der Wandlung: Analyse des Vorspiels zu einer Schizophrenie*，1952）；在 1956 年被翻译成英文出版（CW 5）。在《回忆·梦·思考》中，荣格将这个梦称为“我的著作的前奏”。

本能和我们意识的理想不协调，因此我们将它们留在地下。这是我一直使用的形象。接着进入到这个梦中，我希望我能够不带个人色彩地讲给你们。

我梦到自己身处一栋中世纪的建筑中，这是一座非常大又很复杂的房子，内部有很多房间、通道和楼梯。我从街道上走进来，进入一个圆顶的哥特式房间中，又从那里进入地下室。我感觉自己已经到达底部，但我接着看到一个方形的孔。我提着灯，从那个洞口向下看，我又看到通往更深处的台阶，并顺着它向下爬。台阶上充满尘土，非常破旧，空气中弥漫着尘土的气息，周围的氛围非常怪异。我进入另一间地下室，这里的结构非常古老，可能是属于罗马时期，这里有一个洞，我可以透过它看到一个充满史前陶器、骨头和头盖骨的墓穴；由于灰尘看上去未被扰动过，我觉得我有了一个非常重大的发现，然后我就醒了过来。

弗洛伊德说这个梦意味着我想让某些与我有关的人去世，并将他们埋在两个地下室中，[19] 但我认为这个梦的意义不在于此，尽管那时候我还弄不明白。我一直这样想：地下室是无意识，但中世纪的建筑是什么呢？多年之后我才明白其中的意思。两个地下室下方还有东西，也就是史前人类的遗迹。那意味着什么呢？我对这个梦有一种非常强烈的非个人的感觉。我不由自主地开始对它进行幻想，尽管我那时候对为了带出无意识的材料进行幻想的原则一无所知。我对自己说："它是否可以进行发掘？我从哪里可以获得这样做的机会？"实际上当我回到家的时候，我便找到可以开始挖掘的地方，并走了进去。

但那肯定不能令我满意。接着我的思想开始转向东方，我开始阅读有

---

19 *2012*：E.A. 贝内特指出，荣格告诉他说，自己对弗洛伊德的问题给出的回应是联想到了自己的妻子（*C. G. Jung* [1961; Wilmette: Chiron Books, 2006], p. 89）。荣格对阿尼拉·亚菲说，他说到的是他的妻子和妻子的妹妹（*MDR*, p. 159）。关于更多对这个梦的评论，见 Jung, "Symbols and the Interpretation of Dreams" (1961), CW 18, § 465f., and Jung/Jaffé protocols, Jung Collection, Manuscript Division, Library of Congress, p. 107。

关在巴比伦发掘的资料。[20]我的兴趣转向书籍，我遇到一部名为《神话与象征》（*Mythology and Symbolism*）的德文著作，我以最快的速度阅读了三四卷，像疯了一样去阅读，事实上，一直读到我开始变得像以前在诊所的时候一样困惑。实际上我已经在1909年离开了医院，[21]在此之前我已经在那里工作了8年，但现在似乎我身处一座我自己建造的精神病院中。我沉浸在这些幻想的形象中，半人马、宁芙（nymph）、萨提尔（satyr）、男神和女神，就好像他们就像患者一样，我在分析他们。我曾读过一部希腊或黑人的神话，就像一个疯子在跟我讲他自己的经历，我迷失在对它可能传递的意义的困惑之中。

《无意识的心理学》便是从这一切中缓缓诞生的，其核心的部分是我对米勒小姐的幻想进行的分析，[22]这些幻想就像催化剂一样激活了我以前在内心收集的所有素材。我从米勒小姐身上看到一个和我一样的人，她也有很多完全是非个人的神话幻想、幻想和梦。我已经认识到它们的非个人特点，还有它们肯定来自更低的“地下室”这一事实，尽管当时我还没将其命名为集体无意识，但这就是这部作品的产生过程。

我写这本书的时候，一直受噩梦的困扰。我感到我必须把自己的梦讲出来，尽管在这么做的时候不可避免地会带有个人的色彩。梦对我的生活和理论中所有的重大改变都有影响。例如，我学医也是由于一个梦，而我以前十分坚定地要成为一名考古学家。带着这个想法，我成为大学哲学团体中

---

20 即美索不达米亚。荣格阅读的作品是弗里德里希·克鲁伊策的 *Symbolik und Mythologie der alten Völker* (Leipzig and Darmstadt, 1810–1823)。见 *MDR*, p. 162/158。

21 *Freud/Jung*, 140 J, 12 May 1909; MDR, p. 117/119.

22 *2012*：弗兰克·米勒小姐是一位美国的服装讲师，曾经在日内瓦大学跟随西奥多·弗洛诺瓦学习过一段时间，她曾写过一篇文章，《无意识创造想象的实例》（Some Instances of Subconscious Creative Imagination），（以法语的形式）发表于 *Archives de psychologie* (vol. V, Geneva, 1905)，并由弗洛诺瓦作序。荣格所藏的这篇文章充满注释。见下文，第4讲。见 Shamdasani, “A Woman Called Frank,” *Spring: A Journal of Archetype and Culture* 50 (1990): pp. 26–56。

的一员，但我做了一个梦，接着我改变了一切。[23]那时候，我指的是我正在写《无意识的心理学》的过程中，我所有的梦都指向与弗洛伊德的分裂。当然，我过去认为他会接受他自己的地下室之下的地下室，但这些梦都在让我为相反的结果做准备。弗洛伊德只在书中看到了对父亲的阻抗，[24]他在我书中最不赞同的是我认为力比多是分裂的，并且会产生会自我抑制的东西。作为一元论者，这对他而言完全是亵渎。从弗洛伊德的这个态度中，我无比确信他的上帝思想正是建立在性欲之上，对他而言，力比多只是一种朝一个方向的驱力。事实上，我却认为可以看出有死亡意志和生存意志同时存在。我们在达到生命顶峰的时候准备死亡；或者换句话说，在35岁之后，我们开始知道一切都会走下坡路，最初我们不能理解，但后来我们无法逃离这个意义。

在与弗洛伊德分裂之后，我在全世界的学生都离我而去，转投弗洛伊德。[25]他们被告知我的著作是垃圾，我是一名神秘主义者，事情就这么结束了。突然我发现自己处于完全孤立的境地，但无论这是多么地不利，对于一名内倾的人而言，它也有有利的地方：它推动了力比多的垂直运动。在与外在世界活动带来的水平运动切断之后，我被迫对自己内在的事物进行全面的探索。

在我写完《无意识的心理学》之后，我有一个非常清晰的时刻，我在审视自己已经走过的路。我想："现在你有了打开神话的钥匙，你有了打开所

---

23 关于放射虫的梦：*MDR*, p. 85/90f，以插图的形式出现在 *Jung: Word and Image*, p. 90。

24 一直流传的故事是，弗洛伊德将荣格的书送还给他，并题词："对父亲的阻抗！"但伦敦弗洛伊德图书馆中藏有一本这部作品的第一版，有荣格的题字"不顺从但充满感激的学生献给导师和大师"。（*Freud/Jung*, new ed., 324F n. 2, addendum）。也见 *Jung: Letters*, vol.1, p. 73，荣格在1930年3月4日的信中写道："弗洛伊德收下了这本书，但他告诉我说我全部的思想什么都不是，而只是对父亲的阻抗。"

25 *2012*：在他的《精神分析运动史》（*On the History of the Psycho-Analytic Movement*）中，弗洛伊德承认他的大部分学生都是从苏黎世那里来的。SE 14, p. 26。

有门的力量。”但接着内部有声音说：“为什么要打开所有的门？”[26]接着我发现我在问自己究竟做了什么。我写了一本关于英雄的书，我解释了过去的神话，但我自己的神话是什么呢？我必须承认我没有神话；我知道他们的，但我自己没有神话，其他现代人也没有。而且，我们还不能理解无意识。围绕着这些反思，就像围绕着一个核心，所有思想逐渐涌现，其中一部分在论述类型的著作中得以表达。

26 见 *MDR*，p. 171/165。

问题与讨论

曼博士的问题：“是不是通过直觉，人们更容易获得超越功能，那么如果缺少这个功能，也就是直觉，其难度会不会大幅度地增加？如果没有协助，人们就一定不能独自获得超越功能吗？”

荣格医生：这很大程度上取决于这个人的类型，即直觉在寻找超越功能时起到什么作用。例如，如果一个人的优势功能是直觉，那么直觉就会直接妨碍超越功能的获得，因为超越功能是由优势功能和劣势功能共同创造的，或者说是在两者之间。劣势功能的出现只能以优势功能为代价，也就是说，为了发现超越功能，直觉类型的人需要克服直觉。相反，如果这个人是感觉类型，那么直觉就是他的劣势功能，则可以说超越功能是通过直觉功能到达的。事实上，在分析中，似乎直觉通常是最重要的功能，但之所以是这样，是因为分析是一个实验室的实验，而非现实。

讲　　座

在上次的讲座中，我讲了所有与写作《无意识的心理学》

相关的内容以及它对我的影响。它在1912年以《力比多的转化与象征》为标题出版。它促使我去关注的问题是与我们时代有关的英雄神话。这部作品的基本论点，也就是将力比多分为积极的和消极的趋势，就像我所说的，弗洛伊德完全不同意书中的这个观点。这本书的出版标志着我们友谊的结束。

今天，我想跟大家谈谈《无意识的心理学》的主观一面。当一个人在写这样一本书的时候，他需要记着他是在写某些客观的材料。以我为例，我认为我仅仅是在用某种观点以及随之而产生的神话材料分析米勒的幻想。我用很长一段时间才认识到，画家可以在画完一幅画后认为事情到此结束，和自己再无关系。同样地，我也花费了数年的时间才看到《无意识的心理学》本身可以被视为我自己，对它的分析不可避免地导致对我自己的无意识过程的分析。即便在一个讲座中很难讨论这个话题，我也依然要讨论它，特别是回顾这部作品预测未来的方式。

你们应该会记得，这本书首先给出了能够被观察到的两种思维：理智或定向思维，以及幻想或被动的自动思维。在定向思维过程中，思想像工具一样被使用，它们被用来为思想家的目的服务；而在被动思维中，思想像个体一样独立地运作，幻想思维没有等级观念，思想甚至可能和自我对立。

我将米勒小姐的幻想视为一种自主思维形式，但我并没有意识到她代表的是我自己身上的思维形式。如果有人从主观的角度上诠释这部作品的话，会发现她取代了我的幻想，变成它的舞台导演。换句话说，她成了阿尼玛形象，是我对其意识程度非常低的劣势功能的载体。在我的意识中，我是一名积极的思想家，已经习惯使我的思想服从于最缜密的方向，因此幻想是一种直接令我反感的心理过程。作为一种思维方式，我认为它完全是不纯的，是一种乱伦的交合，从理智的观点上看完全是不道德的。允许幻想在我身上出现，对我而言就像一个人来到自己的工作室，发现所有的工具都飞起来，完全不听使唤一样。换句话说，想到我的心中可能有一个幻想生命使我感到震惊；它和我为自己发展出的理智理想是对立的，因此我对它的阻抗非常大，而我只能通过将我自己的材料投射到米勒小姐身上的过程来接受这一事实。或者，更确切地说，对我而言，被动思想是一个非常脆弱和反常的东西，我只能通过一位生病的女性应对它。事实上，米勒小姐之后完全变得精神失常了。在第一次世界大战中，我收到米勒小姐的医生从美国写来的一封信，告诉我我对米勒小姐幻想材料的分析完全正确，她在精神错乱期间接触到的宇宙演化神话已经完全真相大白。[1] 我第一次阅读到她的材料的时候，弗洛诺瓦在观察她，他告诉我我的分析是正确的。[2] 集体无意识如此强大的活动最终将她压倒，这丝毫不会让人感到吃惊。

我需要认识到我在米勒身上所分析的正是我自己的幻想功能，因为它是被压抑的，就像她的一样，有点病态。当一个功能以这样的方式被压抑，它就会被来自集体无意识的内容浸染。因此，米勒小姐成了我不纯思想的某种描述，与劣势功能和阿尼玛有关的问题就在这本书中出现了。

此书的第二部分包含了《创造的赞美诗》(Hymn of Creation)。[3] 这是能量展开的积极表现，或者是产生能量的，是上升的；而《飞蛾之歌》(Song

1 *2012*：1955 年 12 月 17 日，埃德温・卡岑聂兰鲍根写信给荣格，“很多年前在提到‘力比多之路’的时候，我将你和这个记录的女作者米勒小姐联系在一起，她曾经是我在丹佛斯州立医院的一位患者。我从对一个人的检测得出的诊断完全又充分地证实了对女作者的直觉分析。这个直觉分析完全基于她的小册子。我想提醒你注意”(Jung Archives, Swiss Federal Institute of Technology, Zurich)。弗兰克・米勒被诊断为“人格障碍，并带有躁狂的特质”。一周之后她被允许出院，接着又自愿进入麦克米兰精神病院，并被诊断为“精神病态性人格自卑”，数月之后被认为已经“明显好转”而出院。两个医院的记录中都没有任何关于宇宙演化神话、早发性痴呆或永久精神错乱的痕迹。当时精神变态是一个很宽泛的概念，指的是一个遗传论的背景。见拙著“A Woman Called Frank,” op. cit。

2 CW 5, p. xxviii: Foreword to the Second (German) Edition [of *Wandlungen und Symbole der Libido*] (November, 1924). 这个序言没有被收录在英文版的《无意识的心理学》中；它第一次的英译出现在 CW 5 (1956)。

3 CW 5, pars. 46ff.：第一部分的第四章（不是此书的第一部分）。米勒幻想出一首“梦诗”(dream poem)，并命名为《荣耀归于上帝》(Glory to God)，醒来后将其收录在专辑中（见 S. T. Coleridge, “Kublai Khan”）。

of the Moth）是向下降的，[4] 是光被创造的过程，接着创造结束了，成为一种对立转化。第一种情况是成长、年轻、光和夏的时期；而在飞蛾身上，力比多被显示为在它自己之前创造的光中烧掉自己的翅膀；给它带来生命的驱力同样也在杀死它自己。这本书以这种宇宙原则中的二元性结束。它通往的是对立两极，也就是《心理类型》的开篇。[5]

本书的下一个部分写的是创造性能量的另一个侧面。能量可以表现出很多种形式并处在从一种形式转变[6]到另外一种形式的过程中。最基本的转化发生在能量从严格的生物需求进入文化成就的时候，从这个角度上看这就是进化。例如，不论是从科学的立场，还是作为一种现象，个体的性欲是如何成为精神欲求的？性欲和精神性是彼此需要的对立两极，从性欲阶段到精神阶段的过程是如何产生的？

第一个出现的意象便是英雄。这是一个最理想的意象，它的品质随着时代的发展而改变，但它代表了人们最重视的东西。英雄体现的是我们追求的转变，因为在性欲阶段，男人在很大程度上受本性力量的控制，这是一种他难以驾驭的力量。英雄是完美的人，他代表人类与本性的对抗，而本性力图剥夺这种完美的可能。无意识使英雄成为象征，因此英雄意味着态度的改变，但英雄的象征也来自无意识，即本性，这个本性对人竭力建构的理想毫无兴趣。人接着进入与无意识的冲突中，这种斗争是赢得从无意识中（也就是从母亲那里）解放的斗争。就像我前文所讲的一样，人的无意识形成完美之人的意象，但当他试图实现这些英雄类型的时候，另外一种无意识的倾向便被唤起，（这种倾向）试图摧毁该意象。它因此发展成可怕的母亲、吞噬

---

4 同上，pars. 115ff.：第五章。同样，米勒创作了一首诗，她将其命名为《飞蛾向太阳》。

5 *Psychologische Typen* (1921)，H. G. 拜恩斯将其译成英文（1923），同时加上副标题“个体化的心理学”（The Psychology of Individuation.），但并未被加到后来的英文（CW 6）和德文版本中。英文和德文全集中都有一个包含四篇相关论文的附录（见下文）。见 *MDR*, pp. 207f./198f。

6 抄本：“trasifrom”，拼写错误？

一切的恶龙、重生的威胁，等等。同时，英雄理想的出现意味着人的希望在加强，它使人明白，如果母亲能够允许，他就能重新组织生命。这并不能通过字面上的重生来实现，因为它要通过转化的过程或心理的重生完成。然而如果没有经过与母亲的严酷斗争，这是不可能完成的。这个主要的问题就变成，母亲会让这个英雄出生吗？怎样才能够让母亲满意，从而允许他出生？

因此我们看到牺牲的思想体现在密特拉（Mithras）的椎牛祭中。[7] 这是一个密特拉的思想，而非基督教的。英雄自身没有牺牲，而是他的动物面，即公牛被献祭了。

对母亲或无意识作为出生地和毁灭源头的讨论催生了二元母亲角色的思想，或者是无意识中对立两极的存在，即建设原则和摧毁原则。为了将英雄与无意识的力量分离，并赋予他个体的自主性，必须要做出牺牲。他必须付出代价，设法填补无意识留下的真空。需要牺牲什么？根据神话，牺牲的是童年、幻境的面纱、过去的理想。

与这一点有关的是我在《无意识的心理学》中所写的一个段落，我经常因此受到攻击。[8] 我已经讲过，对于克服重生和摆脱母亲的危险的最有益行为能够在一般的工作中找到。有时候在思考这一点的时候，我曾认为对于如此重大的问题这个解决办法过于廉价且不恰当，那时我会倾向于赞同我的批评者。但我思考得越多，我就越确信我是正确的，正是我们日常重复摆脱无意识的努力，也就是有规律的工作，使我们的人性得以形成。我们能够通过有规律的工作征服无意识，但绝不是通过装腔作势。如果我们对一个黑人说，你如何应对自己的无意识。他给出的答案是“工作”。“但是，”我说，

---

7 抄本：“Mithra”。这个通常是德语的拼写；CW 使用的是“Mithras”。荣格所使用的密特拉教（Mithraism）是一个范例。密特拉教在罗马帝国时期广为传播，大约流行于公元 2 世纪，以善与恶的对立为基础。

8 1916 年版，p.455（1919 年版，p.252）。在《力比多的转化与象征》中这一段被删除；见 pars.644–45。

“你的生命都是游戏。”他会强烈地否认这一点，并跟我解释说他的大部分人生都被用在为了灵魂的最勤劳的舞蹈表演中。对我们而言，舞蹈的确是游戏，它轻快而优雅，但对于原始人而言，舞蹈真的是努力工作。所有的仪式都应该被视为工作，因此我们的工作意识就是从其中衍生出来的。

接着讨论这一主题，我能给你们举一些在澳大利亚黑人生病时他们所做活动的例子。他们会去一个地方，将他们的护身符（churinga）[9] 藏在那里的石头下。他会摩擦护身符。护身符充满健康的魔法，当他摩擦它的时候，魔法便进入他的身体系统，他的病就会进入护身符。然后他会将护身符放回石头下，石头将疾病消化，接着护身符又充满了健康的魔法。他们用这种方式取代祈祷。我们会说，一个人通过祈祷从上帝那里得到力量，但原始人通过工作从上帝那里得到力量。

如果你理解这些解释，你会发现这些材料给我留下了深刻的印象，我指的是我阅读的神话材料。其中一个最重要的影响是，我得以用一种令我感到满意的方式将米勒小姐的病态诠释成神话，因此我也能够吸收自己身上米勒的一面，这给我带来很大的好处。用象征的说法来说，我找到了一块土，将它变成金子，并放在我的口袋中。我将米勒纳入到我自己身上，通过神话材料加强了我的幻想。后来我继续自己的主动思想，但略有踌躇。似乎我的幻想已经离开这些材料。

那段时间我很少写作。和弗洛伊德的交恶令我很担心，为了能够弄清楚

9 一颗“灵魂石”或崇拜之物。见“On Psychic Energy”(1928; CW 8), par. 119。荣格在 1912 年开始写这篇论文，在完成《力比多的转化与象征》之后不久，他将它置于一旁，开始研究类型问题（“On Psychic Energy,” par. 1, n. 1）。他关于澳大利亚土著居民的文献来源是 W. R. Spencer and F. J. Gillen, *The Northern Tribes of Central Australia* (1904)，在《心理类型》中引用（CW 6），特别是 par.496。

阿德勒反对弗洛伊德什么，我开始仔细地阅读他的作品。[10]我立即对类型上的差异感到震撼。[11]他们都治疗神经症和歇斯底里，但一个人这样看，而另一个人与之有相当大的差异。我找不到解决方案，接着我感觉到我面对的应该是两个不同的类型，他们注定从完全不同的角度看到相同的事实部分。我开始注意到我有些患者符合阿德勒的理论，而有些符合弗洛伊德的，因此我开始形成外倾和内倾的理论。我和朋友与熟人展开讨论，通过朋友和熟人，我发现我倾向于将自己劣势的外倾一面投射到我外倾的朋友身上，他们将自己内倾的一面投射到我身上。通过和朋友的讨论，我发现由于我持续地将自己的劣势功能投射到他们身上，我一直处在贬低他们的危险中。我可以无偏见又客观地对待我的患者，但我是在情感的基础上面对朋友，而由于我身上的情感是一个相对未分化的功能，因此在无意识中，它自然地携带大量的投射。逐渐地，我的发现使我感到十分震惊，也就是我的外倾人格，每一个内倾的人在无意识中都会携带这样一个外倾人格，并且将它们投射到自己的朋友那里给他们带来伤害。同样地，它也困扰着我外倾的朋友，因为他们要承认自己身上劣势的内倾。部分是出于这样的个人经历，我写了一个论述心理类型的小册子，后来在一次会议上作为会议论文宣读。[12]其中有几处错误，我后来进行了修正。例如，我认为外倾的人肯定一直是情感类型的，这很明显是一种投射，这种投射来自我自己的外倾和自己的无意识情感联系在一起的事实。

---

10 1911年春，阿尔弗雷德·阿德勒与弗洛伊德决裂之后，荣格一直都是以消极的态度提到他（荣格写给弗洛伊德的信）。但1912年秋，在《精神分析理论》（*The Theory of Psychoanalysis*）（CW 4，p. 87）的序言中，荣格写道："我认识到他（阿德勒）和我在很多地方都有类似的结论。"见 *Freud/Jung*，333 n. 1。*2012*：荣格为阿德勒的著作《神经症特质》(*The Nervous Character*)，写了一篇积极的评论，但未发表，题目是《论精神分析理论：一些新书的评论》（*On the Theory of Psychoanalysis: Review of a Few New Works*）. 关于这一点，见拙著 *Jung and the Making of Modern Psychology: The Dream of a Science* (Cambridge: Cambridge University Press，2003)，pp. 55f。

11 见 Cf. CW 6，pars. 88–92。

12 "心理类型研究"（CW 6，appendix)，1913年慕尼黑精神分析会议的一次报告（这是荣格与弗洛伊德最后一次见面)。在 pars.880–82 中，荣格应用对比弗洛伊德和阿德勒的理论。

所有这些都是我论述类型的著作发展的外部图景。我可以说这便是这本书的来龙去脉，并以此结束，但还有另外一个侧面，即错误的交织、不纯的思维，等等，这总让一个人很难将此公开。他喜欢呈现给你们自己的直接思维已经完成的产品，使你们认为这是源自他的内心，没有缺陷。一个思维型的人对他理智生活的态度可以和一位女性对待情欲生活的态度相当。如果我问一位女性关于她的结婚对象的问题：“你们是如何走到一起的？”她会说：“我与他相见，然后爱上他，就这样。”她会以最小心的方式隐藏所有她所穿过的爱欲大道上所有的小后巷，以及她参与的卑鄙和模糊的情况，她会呈献给你无与伦比的完美顺畅。她尤其会向你隐藏自己所有犯过的爱欲方面的错误，但她不会说在她最强的功能中脆弱的部分。

同样，一个男人也会这样对待自己的作品。他并不想讲自己心中隐秘的联盟，即错误之处。就像性欲在女性身上很大程度上处于无意识中一样，男性思维的劣势一面大部分也是无意识的。正如女性将自身的权力置于性欲，不会泄露出其隐秘的脆弱面，男性将权力置于自己思维的中心，并牢固地把握住不公开，特别是对其他的男性。他觉得如果自己在这领域中讲真话，就相当于将他城堡的钥匙交给了敌人。

但男性思维的另外一面不会反感女性，因此他通常会很随意地讲给女性，特别是讲给某一类女性。正如你们所看到的，我一般将女性分为两种类型，母亲和交际花。[13] 交际花的类型充当的是男性另一面思维的母亲角色。正是这种脆弱和无助的思维对此类女性有吸引力；她将之视为需要自己帮助孵化的胚胎。这看起来似乎是自相矛盾的，即使是一名妓女，她有时候对男性精神的成长也比他妻子知道的都多。

---

13 荣格在 1927 年的论文中对这两种女性的类型有简短的探讨；见“Mind and Earth,” CW 10, pars. 75f.。1934 年，在苏黎世心理学俱乐部的一次讲座中，托尼·伍尔夫提出一个四维的结构，包含这两种类型和另外两种，即女战士和普通的女性：“Structural Forms of the Feminine Psyche,” tr. Paul Watzlawik (Students Association, C. G. Jung Institute, Zurich, 1956). 见 Wolff, ***Studien zu C. G.Jungs Psychologie*** (Zurich, 1959), pp. 269-83。

现在，由于我在积极地思考，我需要找到一些保持自我的方式，也就是说，捡起另一面，即我精神生活中的被动一面。正如我之前所讲的，男性不愿意这么做，因为他会感觉很无助。他不能很好地处理并感受劣势的部分，此时他像是漂在溪流中的木头，希望尽快地离开这里。他否认它，因为它不是纯粹的理智，更糟的是，它是情感。他感觉自己是这一切的受害者，但为了能够获得自己的创造性力量，他必须将自己交给它。由于我的阿尼玛无疑已经被我研究的所有神话材料唤醒，因此我开始被迫注意另一面，换句话说，注意我无意识的劣势一面。我知道听起来很容易，但男性讨厌去讲出这些。

为了能够理解这个劣势的无意识一面，接下来我做的事情是在夜里精确地反转我在白天使用的心理机制。也就是说，我使自己的力比多向内，从而观察正在进行的梦。利昂・都德[14]曾经说过，梦不仅在睡眠中出现，同时还有自己的生命，它们在白天处在意识的水平之下。这个观点并不新颖，但怎么强调都不为过。人在夜里最容易记住梦，因为人在这时候是被动的。但在早发性痴呆病人身上能够观察到梦是如何在白天涌现的，因为这些人一直是被动的，也就是说，他们直接使自己进入到梦的生活中。一个思维型的人的心理在白天是主动的（请记住我讲的只是男性；这个过程在女性身上是不一样的），在这种状态下没有任何梦。在夜里，他进入被动状态的时候，相同的力比多流入到白天一直在工作的人的无意识中，梦就出现了，无意识的表演便能够被观察到。只是躺在沙发上休息的时候不能完成这个过程，只有完全让力比多进入无意识的时候才可以。我曾训练自己这么做；为了使它起作用，我使自己所有的力比多都进入无意识，通过这样的方式，我给了无意识一个机会，使那些材料得以出现，让我能够实时地进行观察。

我发现无意识正在酝酿大量的集体幻想。就像我之前充满热情地对神话的研究一样，我现在对无意识的材料也产生了相同的兴趣。事实上这是理解

---

14 见 *Daudet's L'Hérédo: Essai sur le drame intérieur* (1916)，引自“The Relations between the Ego and the Unconscious”(1928)，CW 7，pars. 233，270。

神话形成的唯一途径。因此《无意识的心理学》的第1章正确无误。我观察了神话创造的进行，了解了无意识的结构，这些材料形成了在《心理类型》中起到重要作用的概念。我从自己的病人那里获得了所有的经验材料，但我从自己的内部，从对无意识过程的观察中，找到了问题的解决之道。我试图在《心理类型》中融合外在和内在的经验流，将这两股流的融合过程称为超越功能。[15] 我发现意识流朝向一方，而无意识流朝向另一方，但我看不到它们会在哪里汇合。个体朝深不可测的分裂发展，因为理智只能剖析和区分，而创造性的元素在理智难以达到的无意识中。意识和无意识之间存在调节的可能，这是我在超越功能中阐述的，它就像一盏明灯。

到这里我已经给你们讲了很多内容，但不要觉得我已经告诉你们全部！

15 见 CW 6，pars. 184，828。

问题与讨论

没有书面问题提交上来。接下来是现场提问："当你在探究无意识的过程中，就像你在上次的讲座中所描述的，你总是有一种控制自己工具的感觉吗？"

荣格医生：我的工具似乎是被我的力比多激活的，但要有可被激活的工具存在，也就是被赋予生命的意象，这些意象中有力比多；补充额外的力比多才能使它们涌现。如果我没有将这些额外的力比多给意象，使它们能够涌现，那么活动也会持续进行，但我的能量也会被吸入无意识中。通过注入力比多，我们就能够增加讲出无意识的力量。

奥德里奇先生：那是苦行（tapas）吗？

荣格医生：是的，在印度，这被称为一种专注。这种方法可以进一步以这样的方式阐述，即假设某个人有一个男性或女性走进房间的幻想。他只幻想到这里，没有再继续向前，换句话说，他放弃那个幻想，又继续另外一个，比如说他在丛林中遇到鹿或者看到小鸟扇动翅膀。但有关幻想的专业要求是紧跟出现的图像，直到穷尽所有的可能。因此，如果我使那位男性或女性的幻想出现，直到我找出他们想在那个房间做什么之前，

我不会让他们消失。因此要让幻想继续。但通常人们对于这件事，也就是跟随幻想，都有阻抗。肯定会有声音在耳边低语说这完全没有意义；事实上，为了变得完全意识化，意识被迫对无意识的材料采取一种高度贬低的态度。例如，一个人努力摆脱一种过大的信仰时通常会被发现自己在嘲笑它；他扔掉无足轻重的东西，防止滑落回自己的无意识接纳中。这是获得无意识材料会如此困难的原因。意识会一直说，“远离那一切”，又一直倾向于增加而非减少对无意识的阻抗。同样，无意识也站在意识的对立面。为了赢得意识，人被迫与天性分离，这是人类一种特定的悲剧。他要么处在完整的对立转化的摇摆中，要么是天性力量的戏剧中，要么远离天性。

我们回到幻想的问题，一旦与无意识接触的阻抗能够被克服，同时一个人能够发展出专注在无意识上的力量，那么就可以看到意象的表演。艺术家都是相当自然地在创作，但他只从中获得艺术的价值，而分析师尝试获得所有价值，观念的、美学的、情感的和直觉的。

当我们看到这样的场景时，我们会尝试弄清楚它对我自己的特殊意义。当被赋予生命的形象离意识流非常远的时候，它们可能会随机地爆发，就像在早发性痴呆的案例身上所见到的一样。突然的爆发会分裂意识，将其撕成碎片，每一个碎片都会成为一个独立的自我，因此会有像这些案例一样的完全不恰当的情绪反应。如果他们之中存在一定的自我意识，就会产生一些反应，从而无意识的声音会说我们是疯子，而另一个声音会出来反对它。

但除了早发性痴呆的案例之外，所谓的正常人也会变得非常碎片化，也就是说他们在大多数的情况下都不能产生完整的反应。或者说，他们并不是完整的自我。意识中有一个自我，而其他的都是由无意识中祖先传下来的要素构成，这种力量会让一个一直以来都相当健康的人突然在祖先的影响下沦陷。我认为用这种方法可以很好地解释那些人表现出的碎片化反应和不恰当情绪。因此你会看到有人一直并且只表现出生命的阴暗面；他或许是被祖先附身，被迫进入这一面，而另一部分的无意识可能会突然地占据优势，把他改变成对应一面的乐观主义者。很多文学作品中描述的人物都会表现出性格的突然变化，但他们的变化不会被解释为祖先的附体，因为后者的想法只是一个假设，还没有科学的证据。

再进一步讲，有趣的是，原始人总会因鬼魂的缘故生病，而鬼魂正是祖先的形象。

与祖先附体的理论相类似的生理学理论可能会使这个想法变得更加清晰。有人认为癌症可能是由被包围在成熟和分化组织中的胚细胞在后期混乱的发展所导致的。例如，在一个成人的大腿处可以找到部分发展的胎儿细胞，这正是非常有力的证据，也就是说，在肿瘤中所谓的畸胎瘤。或许在心理中也有类似的东西，其心理结构可被视为聚合物。或许有些特质属于祖先，只是被以情结的形式埋在心中，但它们有自己的生命，却从未被吸收到个体的生命中，之后出于未知的原因，这些情结被激活，从无意识包围的沉默中走出来，开始主导整个心理。

我倾向于以这种方式描述从无意识中出现的意象的历史特征。意象中时常会出现一些无论怎么想象也无法用私人经验解释的细节。有可能某些历史氛围是伴随着我们诞生的，通过它，一些奇怪的细节如同史实一般在我们身上重演。都德也提出过类似的思想，他将其称为“自体受精”。[1] 无论这些推测的真相是什么，他们肯定落在集体无意识概念的框架中。

另一种理解祖先附体的方式是，这些自主的情结在心中以“孟德尔单元”的形式存在，它们被完整地代代相传，不会受到个体生活的影响。因此问题就变成了：这些心理的孟德尔单元可以被分解并同化，以保护个体不受它们的伤害吗？分析的确能够很好地做到这一点。尽管分析不一定能将情结完全地同化或结合到心理的其他部分中，但至少能够指明应对它的方法。因此，分析成了一种类似治疗脊髓痨的矫形手术方法。疾病还在那里，但用一

1　见上文，第 4 讲。

定的矫正能够补偿肌肉的运动知觉障碍，脊髓痨病患者能够通过眼球运动来学会在走路的时候控制自己的躯体运动，并因此替代他所丧失的触觉。

讲座

我今天想继续为大家讲《心理类型》一书的背景。

当我们开始观察自己的内心，我们便开始以一个旁观者，甚至受害者的身份去观察我们处于其中的自主现象。这非常像一个人走出自己房屋的保护进入非常古老的森林中，直面森林中所有的怪兽。我们很自然地会对反转机制和进入这样的情境有少许的抵触。这就像我们要放弃自己意志的自由，使自己成为受害者，因为伴随着这种机制的反转，与定向思维完全相反的态度会开始生长。我们会被抛入到这个未知的世界，不仅仅是进入到一个心理的功能中。在某种程度上，集体无意识仅仅是一种幻觉，因为它是无意识，但无意识本身可能像有形的世界一样真实。我可以说，这是我正在经历的事情，但它并没有好处。我们必须愿意接受眼前的现实，换句话说，就是冒着深入无意识的危险。我曾经读过一部德国作家霍夫曼写的一些故事，[2]他在 19 世纪初期开始创作。他以爱伦·坡的风格进行创作，当他写这些故事的时候，他会被想象的现实紧紧地抓住，因此会大声呼救，让人们跑来救他。在一般情况下，这不会有危险，但不可否认的是，无意识极度引人注目。

在我真正开始对我的无意识进行系统探索之前，即在我完全弄清这个问题的完整意义之前，我开始了一项观察。

你们应该还记得我讲过关于我和弗洛伊德的关系的内容。当我还在写

2 E.T.A. 霍夫曼，《恶魔的万灵丹》(*The Devil's Elixir*，1813）和《金罐》(*The Golden Pot*，1813）。

《无意识的心理学》的时候，我做了一个梦，但我不能理解，或许我在晚年才真正理解它。这个梦是：我走在乡村的小路上，来到一个十字路口。我和一个人一起走着，但我不知道他是谁，而今天我会说那是我的阴影。突然我遇到了一个人，那是一位老人，他穿着奥地利海关官员的制服。那是弗洛伊德。这梦里，有关审查机制的想法出现在我的脑海里。弗洛伊德没有看到我，只是默默地走开了。我的阴影对我说，“你注意到他了吗？他已经去世 30 年了，但他能好好地死去”。我对此的感觉很特别。接着场景转换，我来到山坡上的一座南方小镇，陡峭的山坡上有高高低低的街道。这是一座中世纪的城镇，正午艳阳高照，就像你们所知道的那样，这正是南方国家鬼魂出没的时候。我和同伴一起走在大街上，很多人从我们旁边走过。我突然在他们中间看到一个非常高的人，这是一名十字军战士，穿着铠甲，胸前和后背是红色的马耳他十字。他看起来相当疏离和冷漠，完全不在意周围的人，同时也没人在意他。我吃惊地看着他，不能理解他走在这里做什么。“你注意到他了吗？”我的阴影问我，“他已经在 12 世纪的时候去世，但他还没好好地死去。他一直在人群中行走，但人们看不到他。”我对人们不注意他感到很困惑，接着我就醒了。[3]

这个梦困扰了我很久。我对梦的第一部分感到十分震惊，因为那时候我还没有预感到我和弗洛伊德的问题。“他已经死去但又如此被贬低，这意味

3 见 *MDR*, pp. 163-65/ 158-60。***2012***：1913 年，荣格在《黑书》中记录了这个梦，“我来到一座南方的小镇，站在小镇的一条上坡街道上，街道两旁有狭窄的楼梯可以爬上去。现在是正午 12 点，阳光灿烂。一名年长的奥地利海关稽查员或类似的人从我旁边经过，他在想着自己的事情。突然有人说，‘这就是那个不死之人，他在三四十年前就已经去世了，但是尸体一直没有腐烂’。我感到非常惊讶。这时候，一个高大的人物出现了，他是一位威猛强大的骑士，穿着微黄色的盔甲，他看上去很强壮，难以捉摸，而且把什么都不放在眼里。他背后有一个马耳他十字，他从 12 世纪的时候就出现在这里，而且每天都是在中午 12 点到 1 点之间绕行相同的路线。没有人对这两个特异现象表示惊奇，而我却感到非常惊讶。/ 我不再使用任何诠释技巧来解释这个梦。想到那个年长的奥地利人，弗洛伊德便出现在了我的脑海里；想到骑士，我就想到了自己。/ 内在有个声音说，‘这都是空洞和令人厌恶的东西’。而我必须要忍受它。”(*Black Book* 2, cited in *Liber Novus*, p. 198)。

着什么?”这是我问自己的问题。为什么我会以这样的形式想到审查原则?事实上，当时它似乎是可以使用的最好原则。我认识到十字军战士和弗洛伊德之间的对立关系，但我还意识到他们之间的共同之处。他们不一样，但他们都已经去世，而且都没有好好地死去。

这个梦的意义存在于祖先形象的原则中；很明显，那位奥地利官员代表弗洛伊德的理论，而只有十字军战士才是一个原型形象，是 12 世纪以来存续的基督教象征，而这个象征在今天并没有真实地活着，但同时也没有完全地死去。他来自梅斯特·艾克哈特的时代，[4] 那是一个骑士文化的时代，很多思想兴盛，骑士却被杀戮，而他们现在又重新复活了。然而，当我做这个梦的时候，我不知道这个诠释。我感觉到压抑和困惑。弗洛伊德也感觉到困惑，也找不到令人满意的意义。

当时是 1912 年。随后，我又做了另外一个梦，这个梦再次向我清晰地显示了弗洛伊德认为的终极释梦概念的局限性。我过去一直认为无意识仅仅是无生命材料的储藏地，但原型的思想开始逐渐在我的心中形成，这个梦出现在 1912 年年底，我开始确信无意识并非只由没有生命的材料构成，还包含有生命力的东西。我为自己身上存在着我一无所知的有生命力的东西这一想法感到非常兴奋。

我梦到自己正坐在一个非常漂亮的意大利凉廊中，有点像佛罗伦萨的旧宫 (Palazzo Vecchio)[5]。它极其奢华，有柱子、地板和大理石扶栏。我坐在金椅子上，那是一把文艺复兴时期的椅子，前方有一张像翡翠一样的绿色桌

---

4 德国神秘主义者和神学家，生活在 13 ～ 14 世纪，荣格在年轻的时候读过他的作品；见 *MDR*, p. 68/76:“我只有在麦克哈特那里才感觉到生命的气息。”并在《心理类型》中展开讨论，CW6, pars. 410-33.

5 见 Cf. *MDR*, pp. 171f./166f. 第四章借鉴的是此讲和下一讲的内容，尽管有些材料得到了更完整的扩展。/ 在《回忆 · 梦 · 思考》中旧宫的比喻被删除。隔壁的建筑，即兰齐敞廊 (the Loggia dei Lanzi) 应该更加适合这个比喻。

子，非常美。我正坐在那里向外看，因为这是城堡顶部塔楼的凉廊。我知道我的孩子也在这里。突然一只白色的鸟飞了进来，优雅地落在桌子上，像是一只海鸥或者鸽子。我向孩子们示意，让他们安静下来，接着鸽子突然变成了一个金发的小女孩，和孩子们一起跑开了。当我坐在那里思考的时候，那位小女孩跑了回来，轻轻地用胳膊搂着我的脖子。突然她一下子消失了，鸽子出现在那里，缓慢地用人的声音说话。它说："我只有在夜里的最初一小时内被允许变成人形，而雄鸽忙着和那12个死者在一起。"接着它飞向蓝天，我醒了过来。[6]

这只鸽子在说到雄鸽子的时候用了一个很特别的词，即德语中的Tauber，不常用，我记得我听到我的一个叔叔使用过。可是一只雄鸽子和12个死者在一起做什么呢？我感到惊慌。接着我的脑中浮现出翠玉录（Tabula smaragdina，或者叫翡翠桌子）的故事，这是赫尔墨斯·特利斯墨吉斯忒斯传奇（Thrice Great Hermes）的一部分，人们认为他留下了一块刻着所有时代智慧的石板，上面用希腊文字写着："天在上，天在下，天堂在上，天堂在下，如是在上，如是在下，拿着它，会开心。"[7]就像我所说的，所有这些都让我感到害怕。我开始思考十二使徒，一年的十二个月，黄道十二宫，等等。我刚在《无意识的心理学》中写到过黄道十二宫。最终，我只能放弃，我没有从这个梦中得到任何东西，除了强大的无意识。我不知道到

---

6 *2012*：1913年，荣格记录的这个梦如下，"我梦到当时（1912年圣诞节之后不久）我和我的孩子们正坐在一个城堡的房间里，这是一个由很多石柱支撑的开阔大厅，装饰得富丽堂皇，我和孩子们围坐在一张圆桌子旁，正对着桌子的天花板上悬挂着一个漂亮的墨绿色石头。突然有一只海鸥或鸽子飞了进来，轻轻地飞落在桌子上。我告诉孩子们不要出声，以免他们把这只漂亮的白鸟吓跑了。突然这只鸟变成一个8岁的小孩，是一个皮肤白皙的小女孩，她和我的孩子们绕着大厅里成排的石柱嬉戏起来。突然这个孩子又变回了海鸥或鸽子，她这样对我说，'只有在午夜的第一个钟头我才能变成人类，因为雄鸽在这时候正忙着和那12个死者在一起'。说完这些话，这只鸟就飞走了，接着我就醒了"。（引自*Liber* Novus，198）

7 荣格在《力比多的转化与象征》中引用了这句话（见*Psychology of the Unconscious*，1916 ed.，p. 63），认为它是只是"古老的玄秘"。又见CW 5，par. 77，他引用了石板和赫尔墨斯的全文。

达这个活动底部的技术；所有我能做的就是等待，继续生活，并观察这些幻想。

这是在1912年圣诞。1913年，我对无意识的活动感到不安。我深受其扰，但我不知道除了尝试分析我婴儿时期的记忆之外有什么更好的方法。因此我开始以最认真的方式分析它们，但一无所获。我想，“好吧，我必须重新体验一次这些经历”，于是我开始努力恢复童年时期的情感基调。我对自己说，如果我像一个孩子一样去游戏，那么我就能恢复它们。我回想起当我还是一个孩子的时候，我很喜欢建造石头房子——各式各样的奇怪城堡、教堂和城镇。[8]“天啊，”我对自己说，“我要为使无意识有活力而进入无意义吗？”那一年，我做尽所有类似于这样的白痴事情，并像一个傻子一样去享受它们。它使我身上大量的劣势情感浮现出来，但我不知道还有什么更好的方法。快到秋季的时候，我感觉到自己内在的压力不在那里了，而在空气中，空气实际上似乎比以前更暗了。似乎我已经不在我所处的心理情境中，而是在一个真实的情境中，那种感觉变得越来越沉重。

1913年10月，我乘火车旅行，手里拿着一本书在读。我开始幻想，不知不觉中，我就到达了那座我将要去的城镇。这是我的幻想：我在放松地俯视着欧洲的地图，我看到整个北方，英格兰在下沉，海平面已经将其淹没。我再将目光转向瑞士，我看到山变得越来越高，将瑞士保护了起来。我意识到一个非常可怕的灾难即将到来，城镇和人民将被摧毁，残骸和尸体都会浮在水中，接着整个海都会变成血海。开始我只是冷漠地看着，接着灾难的感觉用巨大的力量将我抓住。我尝试抑制这个幻象，但它再次回来，纠缠了我长达两个小时。三四周之后，这个幻象又再次出现，当时我还是在火车上。

8 见 *MDR*, pp. 173f./168f。

相同的画面再次出现，只是更加血腥。[9]

当然，我问自己我是不是过于不幸，以至于将我自己的个人情结散布到整个欧洲。我想了很多激烈的社会革命的可能，但奇怪的是，我从来没有想到过战争。对我而言，所有东西都在变得出奇地怪异，接着我意识到，我能够做些什么，我能按照顺序将它们记下来。当我在写的时候，曾经对自己说："我在做什么呢？它肯定不是科学，那它是什么？"接着一个声音对我说："那是艺术。"这给我留下最奇怪的印象，在任何意义上，我都不相信我正在创作的是艺术。接着我得出结论："可能我的无意识在形成一种并不属于我的人格，但这个人格坚持要出现。"我不知道具体是为什么，但我敢肯定那个说我正在创作的是艺术的声音来自一位女性。[10] 一位女性很有可能已经进入房间，对我说过同样的话，因为她不会注意到被自己踩在脚下的歧视。很明显，这不是科学；如果不是艺术，它会是什么，似乎世界上只有这两种选择。这正是女性的思维运作方式。

---

9 同上，pp. 175f./169f.。*2012*：荣格在《红书》中写道："它出现在1913年10月，当时我在独自一人旅行，一天，突然一个幻象在光天化日之下出现在我的眼前。我看到可怕的洪水将整个北部和从北海到阿尔卑斯山之间低洼的平原覆盖了。从英格兰到俄罗斯，从北海海岸到阿尔卑斯山，到处都是洪水。我看到黄色的波浪、漂浮的瓦砾和数不清的尸体。/ 这个幻象持续了两个小时，我对此感到很困惑，也生病了。我无法诠释它。两周之后，这个幻象再次出现，比上一次更加强烈，而且内在有个声音在说，'看着它，它完全是真实的，它即将到来，你不能怀疑它'。我又跟这个幻象搏斗了两个小时，而它将我牢牢控制住。它令我精疲力竭又困惑不已。所以我认为我已经发疯了。"(p.231.) 当时荣格是在去往沙夫豪森的路上，他的岳母住在那里，10月17日是她的57岁生日。火车的车程大约是1个小时。

10 *MDR*，pp. 185ff./178ff.，荣格在接下来的几页中描述的是其他的梦和幻象。他在这里写道："我很确信这个声音来自一位女性，我听出来这是一个患者的声音，一位聪明的精神病患者，对我有很强的移情。"*2012*：谈及的这位女士实际上是玛利亚·莫尔泽，而非很多人假设的萨宾纳·斯皮勒林（见 introduction，*Liber Novus*，p. 199，and *Cult Fictions*: *C. G. Jung and the Founding of Analytical Psychology* [London: Routledge，1998]）。荣格在这里的讨论并没有被记录在《黑书》中，根据年代的研究表明他在这里指的是《黑书2》中1913年11月和12月的记录，部分出现在《红书》的第一卷中。

我对那个声音强调说我正在做的不是艺术，我感觉到巨大的阻抗在我身上产生。但是没有声音出现，我继续写。接着我又听到像第一次的声音说："那是艺术。"这一次我将她抓住，并对她说："不，它不是。"我感觉我们好像要开始争论了。我想，那好，她没有我拥有的语言中心，因此我告诉她使用我的，她照做了，并发表了一段很长的陈述。

这是我为直接面对无意识内容而发展出的技术的起源。

问题与讨论

哈丁博士请荣格医生多谈一些他在上次讲座中所讲幻想的个人方面。

荣格医生：我可以被视为被群山包围的瑞士，被淹没的世界则是我以前关系的残余。你应该记得当我尝试描述幻想周围的情境时，我讲到自己所处氛围的特别感觉。我们在这里要格外小心。如果我是早发性痴呆患者，我会很容易将我的梦扩散到全世界，认为世界就像梦中被摧毁的样子，尽管现实中所呈现的应该是我和世界的关系被悉数摧毁了。一个患有早发性痴呆的人可能在某天醒来的时候发现世界已经死亡，医生成了鬼魂，世界上只有他一个人活着且很健康。但在这样的案例中，总会出现其他的症状证明这个人在根本上的不正常。个体越正常，就越能从这样的幻想中得出某些深度的社会动荡正在发生的假设，在这些时候，总会有不止一个人的无意识会记录这些令人不安的情况。

当无意识产生这样的一个幻想时，个人的内容被赋予非个人的一面，使无意识倾向于产生集体的画面，与整个人类相连。我们能从早发性痴呆和偏执狂的案例那里清晰地看到这个过程，

正是因为这些人经常有的幻想具有集体的有效性，从而他们往往会获得大量的追随者。首先他们通过自己的病态与世界切断联系，然后获得特殊使命的启示，随后他们开始布道。人们认为他们的人格令人兴奋，女人觉得怀上他们的孩子就是巨大的荣誉。原始人认为他们充满了神和鬼。

因此，如果我已经发疯，那么我就会像站在耶路撒冷的墙上的人一样，宣告即将到来的灾难。

芝诺女士：这些幻想充满情感吗？

荣格医生：是的，它们有大量的情感。由于我无法看到它们的用处，我想，“如果说它有什么意义的话，肯定说明我彻底疯了”。我感觉我是一个过度补偿的精神病患者，直到 1914 年 8 月 1 日我才从这种感觉中解脱出来。[1]

讲　　座[2]

上一次我讲到我如何开始训练自己与无意识中分裂出来的部分进行交流。就像我所说的，我确信那个说出我正在创作的是艺术的荒谬说法的声音无疑是一名女性，尽管我不知道是为什么。我对一名女性从内部干扰我的事实十分感兴趣。我的结论是，它肯定是原始意义上的灵魂，接着开始思考将灵魂称为“阿尼玛”的原因。为什么它被认为是女性？我发现她对我说的话里充满狡猾的诡计。当我在写自传性的材料时（那不是我的自传），我在那儿写，但没有特定的文体，我只是想将其写下来。接着这个评论仿佛在说我是在写小说。我觉得这是大错特错的，因此我对她十分愤怒。由于这些自传性

1 *2012*：荣格在《红书》中写道，“接着战争爆发。这使我得以看到自己以前的经历，也使我有勇气将自己在这本书的前一部分所写的内容讲出来”。(p.336)

2 见 *MDR*, chapter VI, “Confrontation with the Unconscious”。

材料看起来并不是科学，我也可能把它当成了艺术，但我很清楚这是一个错误的态度。如果我隐秘地认为它是一种艺术，那么我能够像看电影一样观察无意识的过程。如果我在阅读一本书，我可能被它深深地打动，但毕竟它完全在我的外部；但如果我以同样的方式将来自无意识的梦和幻想视为艺术，那么我只能从那里获得知觉的信念，不会对它们有道德的义务。例如，我用这种方式知道了阿尼玛；我可能看不起这种来自基底的现象，从而，我可能已经认同了无意识，并成为它的玩物。从我为了应对这个阿尼玛形象产生的困扰而必须忍受的麻烦来看，我可以衡量无意识的力量，这的确是很大的能量。

阿尼玛跟我玩狡猾的谄媚求宠的把戏，歪曲事实，诱惑我偏离对其现实的理解，阿尼姆斯也是以同样的方式在女性心中起作用。在没有任何理由相信他的情况下，他以使人确信的方式出现，打乱一切事物，而他的行事方式极其微妙，我们需要非常小心才能捕捉到他的踪迹。我的阿尼玛可以很容易地使我相信自己是一名被误解的艺术家，为了追求这些所谓的艺术天赋而抛弃现实。如果我听从无意识的这些话，有一天我的阿尼玛会来到我这里跟我说："你将自己在创作的这些无意义的东西想象成艺术？它们并非如此。"那么我就会被对立转化的现象撕成碎片。就像我在前面所讲的，不加批判地跟随无意识会将我们变成无意识对立中的玩物。这些无意识会强烈地拉扯，它们有能量，又对现实有一定程度的适应，但如果我们批判性地检视它们，总能发现它们与实际情况无关。

我所描述的并非我唯一的类似经历。通常在写作的时候，我都会有令我不知所措的特定反应。我逐渐学会了分辨自己和这种干扰之间的差别。当某些一般或平庸的内容出现时，我必须对自己说，我有时候确实在以如此愚蠢的方式思考，但我现在不必以这样的方式思考；我肯定不能接受这种愚蠢永远属于我，因为这是没有必要的羞辱。如果我只告诉阿尼玛，说她是在帮我清理某些我还不愿将其接受为我个体性的一部分的集体概念，那不会有任何好处——当我被困在情绪中的时候，告诉我这是一种集体的反应对我没有帮助。但如果你能够通过将这些无意识现象人格化，你就能够隔离它们，这是一种能够剥夺它们力量的技术。将它们人格化的想象并不会太夸张，因为它们总是有一定程度的彼此分离。这种分离是一种最令人不舒服的东西，但正是无意识以这样的方式呈现才给了我们应对它的方法。我用了很长的时间来适应自己身上不属于自己的东西，也就是说，事实上在我个体的心理中有不属于自己的部分。

此后，我开始研究世界上一个已经非常古老的问题："女性有灵魂吗？"我判定女性可能没有阿尼玛，因为如果那样的话，女性就无法拥有来自内部的检视了。因此我认为女性肯定有阿尼姆斯，但很久之后我才进一步发展这个观点，因为阿尼姆斯在临床工作中很难被捕捉到。

这些关于阿尼姆斯和阿尼玛的思想将我进一步带到形而上学问题的领域，有更多的东西需要重新研究。那时候，我仍然是以康德哲学为基础，即事物本身永远不能被认识，从而不应被推测，但似乎如果我能找到如此明确的阿尼玛思想，那么构思上帝的概念也是值得尝试的。但我没有得到满意的答案，并一度认为阿尼玛可能就是神。[3]我对自己说男性可能本来就有一位女神，但由于厌倦被女性统治，他们便将此神推翻。我几乎将整个形而上学的问题投注到阿尼玛之中，并将其构思为心灵的主导精神。因此，我和自己就上帝的问题展开了心理学辩论。

最初，阿尼玛的消极一面给我留下最深刻的印象，我有点被她吓到了，我感觉就像进入了一个有着隐形在场（presence）的房间中一样。我有了一个新的想法：在对所有这些材料进行分析的时候，我实际上是在给我的阿尼玛写信，而她是我的一部分，但与我的视角不同。我意识到了一个新角色，我在对一个鬼魂和女士进行分析。我每晚都非常认真地将自己所想的写下

3 *2012*：见 *The Red Book*, *Liber Primus*, chapter 2, "Soul and God," pp. 233f.。

来，因为如果我不将其写下来，阿尼玛便没有呈现的方式。在设想去讲某些东西和实际上将其讲出来之间存在着巨大的差异，而我只能试验性地测试这一事实。我告诉一位正在接受测验的男士，让他想一些不愉快的事情，但要是一件我不知道的事情。我在所谓的心电实验中测试他的电阻，[4] 结果变化不大。在某种程度上，我知道他正在想某件早上发生的非常令他不快的事情，但我只是偶然发现的这件事，因为他很确信我肯定不知道。我对他说："现在请跟我讲讲那件令你不快的事情是什么吧。"在我跟他讲完之后，电流立即产生了巨大的变化。

接着，为了尝试做到最大限度的诚实，我将一切都细致地写了下来，[5] 并谨遵古希腊的信条："给出你的所有，你便有所获。"[6] 这样的写作一直持续到 1913 年 11 月，后来我停下了写作。由于不知道接下来会发生什么，我想自己可能需要更多的内省。当我们内省的时候，我们会向内看，看会有什么能被观察到。如果什么都没有，我们要么放弃内省的过程，要么找到一条"通往"那些材料的"乏味"道路来逃离最初的调查。我通过幻想自己正在挖洞，以及接受这种幻想是绝对真实的来设计出这样一种乏味的方法。[7] 这在某种程度上当然是难以做到的——在幻想中很难完全相信幻想会带你进入下一步的幻想，就像你在挖洞的时候，难以相信一个发现会导致另一个发现。但当我开始挖那个洞的时候，我努力去挖，因为我知道必然有东西会出来，即幻想必定会产生或者诱导出其他的幻想。

当然，我现在所说的洞指的是一个能激发无意识的具有强大力量的原

---

4 见，the psychophysical researches (1907–1908) in CW 2。

5 见 *MDR*, p. 188/180："我首先将这些幻想写在黑色的笔记本中，后来我将它们誊抄到红色的日记本中，同时又用绘画装饰。" *2012*：见 *Liber Novus*。

6 *2012*：引自密特拉宗教仪式。荣格在 1910 年 8 月 31 日写给弗洛伊德的信中，将其称为"精神分析的格言"。*Freud/Jung*, p. 350。

7 见 *MDR*, pp. 179f./172f.，这里有对这个幻象的详细记录。

型，因为附着在山洞上的神秘来自遥远的古代；我们会立即想到密特拉密教、地下陵寝等。为什么我们在走进教堂的时候会有一种特别的感觉？正是因为原型的情境总是能够激发人的无意识。当我在科罗拉多大峡谷参观时，我就有这样一种敬畏的感觉；[8]确实应该如此，此时我的无意识被以一种特定的方式碰触到。因此我越努力挖幻想之洞，我就似乎向下走得越深。最终，我感觉自己已经到达了一个不能再继续向下的地方。我对自己说，如果是这样的话，我就开始进行水平的探索，后来我似乎来到了一个走廊，而且我好像走在泥潭中。我走进去，暗自地想，这是一座旧矿坑的遗址。

在远处，我可以看到一点昏暗的红光，朝着这个光的方向，我来到一个山洞中。山洞里面充满了的昆虫，样子很像蝙蝠，并发出奇怪的声音。我在山洞的尽头看到一块石头，石头上有光，是一块发光的水晶。"啊，"我说，"就是它。"我将它拿在手中，发现它像一颗红宝石。之前它所在的位置上有一个洞，它将其覆盖着。我已经完全忘记自己在幻想中了，我对自己说："将水晶放在一个洞上是多么奇怪啊。"我朝洞中看去，我听到里面有流水声。我感到很震惊，我又凑近看，在昏暗的光线中看到有东西在漂浮着，那是一名金发之人的尸体。我立即想："那是英雄！"接着漂来一块和这个人的尸体一样大的黑色物体，摆动着腿紧随其后。这是一只圣甲虫，甲虫后面是一个像发光的太阳一样的球，在水中发出暗红的光，就像从风暴中升起的太阳一样。当它来到视野中央的时候，许多蛇飞跃到太阳之上，将其淹没。

我将目光从洞里转移了出来，接着血就从里面流了出来，就像从主动脉流出一样。我有一种不安至极的感觉。血一直在流，没有停下来的迹象。我

---

8 荣格在 1925 年的新年和一些朋友一起参观了大峡谷。见 McGuire, "Jung in America," pp. 39ff.，以及 Barbara Hannah, *Jung, His Life and Work: A Biographical Memoir* (New York, 1976), pp. 158ff.。

感到完全无力，完全筋疲力尽了。[9]

当我走出这个幻想的时候，我意识到我的机制运作得良好，但我对自己看到的所有这些东西的意义感到无比困惑。我感觉山洞中发光的石头像是智慧之石。我完全不能理解被谋杀的英雄的秘密，当然，我知道甲虫是古代的太阳象征，落日、发光的红盘都是原型化的事物。我认为蛇可能与埃及的材料有联系，但我还没有意识到它们都是如此原型化的事物，我不需要寻找连接。我能够将这个图像和我以前幻想到的血海联系在一起。

尽管我当时还不能理解英雄被杀的意义，但之后不久我就做了一个自己杀掉西格弗雷德的梦。[10] 这是在摧毁我自己效率方面的英雄。这是为获得新的适应所必须做出的牺牲，这是与为获得能够激活劣势功能的必要力比多而牺牲优势功能相联系的。如果一个人头脑清醒，那么思维便成为他的英雄，成为他的理想，而非基督、康德或伯格森。如果你放弃思维这个英雄的理想，你便实施了一次谋杀，也就是说你放弃了自己的优势功能。

通过这一切，我给你们讲了《心理类型》背后不纯粹的思想，我在这里

---

9 *2012*：这个幻象出现在1913年12月12日。荣格在《红书》中写道，“我看到一面灰色的岩壁，我顺着它滑到巨大的深度中。我站在一个黑洞中，黑色的秽物一直漫到我的脚踝，阴影将我笼罩。我感到深深的恐惧，但我知道我必须进去。我从石头上的一条狭窄裂缝中爬了过去，到达一个洞中，洞的底部被黑水覆盖着。除此之外，我还瞥见一块散发着红光的石头，而我必须到这里，我便蹚过这片污浊的水。洞中充满可怕的尖叫声。我拿起那块石头，它之前将大石头上的一道黑色裂缝挡住了。我把这块石头拿在手中，好奇地四下窥视。我不想听到那些声音，它们阻挡我前进的脚步。但是我想知道，这里应该有话要说，我将耳朵贴到裂缝处，听到了地下流水的声音。我看到黑暗的溪流上有一颗血淋淋的人头，有个受伤的人和一个被杀死的人也漂浮在上面，我颤抖着注视了这个景象许久。我看到一个巨大的黑色圣甲虫游过黑暗的溪流。/ 一颗红色的太阳在溪流的最深处闪耀，光线穿过黑水。我看到黑色的石墙上有很多小蛇，在朝阳光闪烁的深处游去，我被恐惧控制住了。成千上万条蛇聚集在一起，将阳光遮住。暗夜降临，一条红色的血流——浓厚的红色血流涌了出来，汹涌的血流持续流淌了很长时间才慢慢退去。我被恐惧控制住了。”（*Liber Primus*, chapter 5, “Descent into Hell in the Future,” p. 237。）

10 见 *MDR*, p. 180/173。

抽象出了优势功能和劣势功能之间竞争的概念，这个概念是我率先在“谋杀英雄”的象征形式中看到的。我在这些幻想中描述的以象征的形式讲出的事物后来进入意识中，变成抽象思想的形式，那时它们会和它们变化多端的起源看上去完全不一样。我想到的类似例子是发现苯“环”的著名化学家。他在提出“环”理论之前，看到了一对以奇特方式跳舞的舞者的幻象。[11]

11 德国化学家 F.A. 凯库勒・冯・斯特拉多尼茨在梦中或幻象中看到这样一个形象之后提出（1865）苯或苯分子的环形结构假说。荣格第一次引用这一例子的作品是《佐西默斯的幻象》（*The Visions of Zosimos*，1937；CW 13），par.143。也见《移情的心理学》（*The Psychology of the Transference*，1946；CW 16），par.353。

第 7 讲

问题与讨论

芝诺女士的问题：“如果你所描述的内省技术用于对立两极的冲突发展到极致之前，那么集体无意识会集聚而不释放象征吗？”

荣格医生：无论如何都不能认为上次所描述的技术适合一般的情况或可以模仿，那将是灾难。它是适用于特定情境下的特殊案例，只适用于无意识被赋予生命的时候以及无意识的内容需要发展的时候。有很多个案需要消化的是自己的意识材料，而在这些个案身上唤起无意识的内容是完全没有意义的。我能想到一个案例，他的分析师在错误的状况下释放出他的无意识，并带来了非常不幸的结果。在我身上，无意识的释放是必需的。我的意识实际上已经变成了白板，下方的内容需要被解放出来。

曼博士：谈到阿尼姆斯，我们对他总是不够尊重。我想听一些关于他积极价值的讨论，但毫无疑问，你接下来会继续讲阿尼姆斯。

荣格医生：是的，总体上我会推迟对这一点的讨论，但我在这里想给出关于阿尼姆斯的部分答案，他通常是在最令人不愉快的情况下被发现的，即受到现实的折磨之时。大多数的心理事物都是以这样的方式被发现的，因为只要事情顺利发展，没有人会

尝试理解它们。只有当问题出现的时候，我们才会被迫对我们的心理过程采取有意识的态度。由于首先是在令人不快的情况中被发现，所以阿尼姆斯的名声不佳，尽管他在呈现与无意识的关系时起到非常重要的积极作用。

同样，“人格面具”的名声也不好。没有人能想象没有人格面具——也就是说与外界的关系——的生活；但当我们认同人格面具的时候，它有价值的一面会因为滥用而消失。所以当一个人完全是阿尼姆斯的时候，这个人便看不到阿尼姆斯在恰当的功能范围中的表现。

芝诺女士：在我提问的时候，我特别想到了我们在今天的现代艺术中看到的现象，也就是艺术家为了寻找意象而吸取无意识。他们在那里能找到意象，但并非为了心理的需要，因此他会带出很多初期的材料，而非释放象征。

荣格医生：这就出现了现代艺术的意义的问题。我并不完全确定所有在场的各位都认同现代艺术从无意识带出的都是初期的材料。奥德里奇先生，你觉得呢？

奥德里奇先生：我觉得现代艺术这个题目有点大，不适合讨论。

荣格医生：那么缩小到绘画。

奥德里奇先生：对我而言，有些现代艺术有真正的神奇魔力。例如，不久前我在卢加诺[1]看到一幅画，内容是一头公牛和一个人在搏斗，淡蓝色的背景上有六个亮点，六个恒星或行星，因此这个男人和公牛看起来像是第七个。那头公牛不像任何今天世界上见到的公牛；它很古老；它不仅是一头公牛，它是牛类。因此这个人物也是如此，没有男性肖像或图像的传递，他超越了任何人，他是人类。这幅画给人一种非常大的力量和空间的感觉。公牛从群星中疾驰而过，拖着想控制他的那个男性。我问过这位艺术家，他根本没有听说过密特拉教和公牛的故事：这幅画是个纯粹的幻想，来自无意识。

1 未确定。著名的蒂森－伯尼米萨收藏展览就在卢加诺的法沃里达乡间别墅举行，但是是在 1932 年。

另一个例子是在美术馆看到的一幅画，[2] 一匹黑马腾空而起，充满恶魔般的野性能量。马的背上是一位英雄人物，手里提着矛，没有穿衣服，头上戴着头盔，似乎在专注地看着远方。他没有受到马匹跳起的影响。这匹马像那头公牛一样，不是特定的动物，而是马类。这两幅画都对我有很大的扰动。

荣格医生：它们为什么能扰动你？如果你能回答这个问题，就能够解释现代艺术的魅力。

奥德里奇先生：我认为它们是力比多的象征，例如，与公牛的斗争描绘的是男性灵魂中的冲突。

荣格医生：这些画和那些在 150 ～ 200 年前的画有区别吗？

奥德里奇先生：是的，区别很大。我可以在旧式的画中看到农人的马，尽管我知道这些画都是优秀的画作，但这不会扰动我。

荣格医生：正是如此。艺术的标准在于它是否能将你控制住。康斯太勃尔（Constable）不再会扰动我们了，但毫无疑问他会扰动他那个时代的人。或许现代创作的艺术对我们的祖先来说是诅咒，这对他们毫无价值。我认为，我们需要假设艺术家适应了态度的改变。

现在我最想听一听班内其他人对与艺术这一主题的观点。

你们可以把艺术视为一种梦的形式，就像梦试图通过使用无意识的元素填补白天意识的态度来保持心理的平衡一样，那么艺术也是在平衡一个特定时期大众的趋势。从这个角度上，各位对艺术有什么看法？

芝诺女士：现代艺术的特点不是它的主体性吗？

荣格医生：但如果你要这样说，你必须非常小心地对你所说的主体的意

---

2 可能是 J. H. 弗斯利（亨利·弗斯利）的作品，《休恩与谢拉斯敏在黎巴嫩山上的洞穴中的相遇》（1804 ～ 1805），私人藏品，温特图尔（瑞士）；有时候在苏黎世美术馆展出。

思进行界定。经验通常会被假设是主观的，因为它在一个主体的心理内部发生，但没有必要将它和客体性对立起来，因为来自集体无意识的意象，从它们的集体特点上看，都和心灵之外的客体一样真实。现在，我认为现代艺术倾向于主体，关注的是个体与客体之间的关系，而不是客体本身。

现代艺术的确也倾向于提升对内在客体的兴趣，但就像我之前所说的，那本身并不能构成主体性。我们在现代艺术中感受到的肯定是内在过程的支配作用。以奥德里奇先生刚才所给的例子为例，我们会说，相对于现实中的马或牛，这些艺术家更感兴趣的是意象，还有他们与意象的关系。但艺术的目的是什么呢？艺术家会立即对这个问题感到愤怒，会说艺术就是艺术，没有目的。

拜恩斯小姐：艺术的目的不是为了抵消机械对现代生活的影响吗？

培根先生：这难道对艺术家没有帮助吗？

荣格医生：毫无疑问这两种观点都是正确的，但还有东西在此之上。

德·安古洛博士：我认为现代艺术是平衡科学思想强迫现代人进入极端的错位的努力。我之所以认为是错位的，是因为艺术家几乎被驱赶到病态的一极，并“将其提升到”公众的水平，从而在他的作品和意识立场之间建立联系。

荣格医生：很多人肯定会反对现代艺术是病态的这一观点。

奥德里奇先生：对我而言，现代艺术的特点是它不再只关注自身的美。它已经超越传统的美，它在这里反映的是生活视角的改变。在世界大战爆发之前，我们生活在一个美丽的世界，或者最好说是只有甜和美的世界、一个感伤的世界，没有残忍和丑陋。现代艺术当然不关心美；事实上，它们更注重丑而非美；我认为，有时候它追求实现一种新的美，超越了以前我们认为的苍白，甚至是丑本身。

（接下来同学们讨论的是现代艺术是否真的将我们从感伤主义中解放了出来，或者只是对这种感伤主义有细微改变。）

荣格医生：毫无疑问，感伤主义能够吸引大众，使大众不能看到自己的纵欲和残忍。因此在路易十六的时代，我们可以在法国看到处处都是美丽的牧羊女和田园生活，接着大革命终结了这一切。我们还可以看到，原始的战争地狱紧随维多利亚时期的纯净和被夸大的精美感觉而到来，那时候女士和绅士既不谈论也不思考任何的恶。纵观历史，人们总能看到一些残暴的时期会被之前阶段的感伤艺术预测到。当然，类似的情况也会发生在个体的艺术家身上，也就是说他会使用感伤去掩饰残忍。这两者似乎是对立转化中的对立两极。

芝诺女士：现代艺术最好的表达不是雕塑吗？

荣格医生：不会，因为雕塑需要形式，而形式（需要）想法，但绘画可以摆脱形式。立体的雕塑似乎什么都没说，[3] 但我们能在绘画中看到线条的发展。例如，我曾经非常仔细地研究过毕加索作画的过程。[4] 他曾突然对鼻子在脸颊上投下的三角形影子感到吃惊，后来脸颊变成了一个四边的影子，接着便消失了。这些三角形和四边形成为独立于它们本身的价值之外的核心，人的形象逐渐消失，或者消解在空间中。

有一次在纽约的展览中展出了一幅《走下楼梯的裸女》（*Nude Descending the Stairs*）的画作。[5] 这可以说呈现的是客体的双重消解，即在时间和空间中的消解，因为它不仅让人物和楼梯的形象消解，变为三角形和正方形，还让楼梯上的人物同时向上和向下走，只有移动画作，人们才能看到人物从中走出来，就像在一般的画作中画家在空间和时间中保持人物的完

---

3 原文如此，但有可能是誊抄错误，或许是“立体雕塑以全或无的形式表达”？

4 见论文《毕加索》（1932；CW 15），pars.204ff。

5 法国画家马塞尔·杜尚的《走下楼梯的裸女》在于 1913 年 2 月 17 日～3 月 15 日举办的纽约军械库展览会中曾引起轰动。3 月中旬的时候荣格在纽约；见《弗洛伊德与荣格通信集》，350J，n.1。同样是在军械库的展览会上，他可能也看到了毕加索的画作，很有可能是第一次看到。

整一样。这个过程的本质是贬低客体的价值，类似于我们抛开一个人的现实部分，并将其简化为他婴儿时期的错误行为表现。艺术家将客体从我们的眼前移走，同时用部分的派生物替代。呈现在我们面前的不再是一个鼻子，而是它的影子。换句话说，他把强调的重点从本质转移到非本质。这就有点类似于你用格言去解释一个东西，用的是这个东西易变的散发物。

这个过程必然将兴趣从客体驱赶到主体，使内在的客体而非真实的客体成为价值的携带者。这是柏拉图的形象（eidolon）概念再次脱颖而出。因此当一名画家画出像奥德里奇先生所描述的公牛时，他画的是公牛，但会说它是你的或我的，或者说是上帝的公牛。驯牛者是一个聚集了庞大力量的意象的集体概念。它代表规训，只有一个英雄人物才能征服公牛。因此，现代艺术将我们带离力比多在外部客体上的过分散落，回到我们的创造性源头，回到内在的价值。换句话说，它引领我们的道路与分析尝试引领的道路是相似的，只不过对于艺术家而言这个引领并非有意识的。

我们进行分析的确切目的是使我们回到现代人尚未理解的内在价值，而分析在中世纪的时候是难以想象的，因为那时候的人能够自由地表达我们今天已经与之切断的价值观。今天的天主教徒不需要分析，因为他们的无意识没有集聚，而是通过他们的仪式被不断耗尽。天主教徒的无意识是空洞的。

我曾经收藏过一批可以追溯到中世纪的肖像画，目的是研究中世纪的人和我们自己之间心理态度的变化。直到 16 世纪中叶左右，这些人物肖像一直和我有关系。我能够以理解和我同时代人的方式理解这些男性和女性，但变化在 16 世纪中叶开始出现，哥特式的人，也就是宗教改革之前的人开始出场，我们对他们很陌生。他们面容独特，眼睛像石头一样，没有表情；我们在他们身上看不到任何活力。有时候我们会在现代的农民和还没有受到现代启蒙的愚昧之人那里看到一模一样的面容。因此我岳母的厨师就有完整的哥特式面容，有着像圣母一样的弯眉和微笑。

如果你看路德的面容，你会发现他并不是很现代，而是属于宗教改革之前的时代。他依然有着哥特式的面容和哥特式的嘴。

这种偏执的受害、殉道思维的笑容和讽刺的紧张笑容之间存在着联系。蒙娜丽莎便是如此。它也和我们在埃伊纳岛上见到的大理石雕塑上的古代笑容联系在一起，[6] 这些人笑着面对死亡。哥特式的笑几乎就像亲吻的开始，充满柔情，就像母亲一样；或是像一位男士在街上遇到与自己有私密关系的女士时的微笑。这种笑中存在着理解，似乎是在说“我们都知道”。

我认为这些哥特式态度的特征都可以用当时从北到南只有一种共同的语言和信仰来解释。这种笑显示出排除一切疑惑的确定，因此与偏执狂是类似的。随着现代视角的到来，这些都消失了。世界的信仰变得多样化，内在的一致和平静让位于征服外在世界的唯物驱力，通过科学，价值观外在化了。

因此，现代艺术首先通过贬低外在的价值消解客体，接着追寻基本的东西，那个客体背后的内在意象，即形象。我们今天很难预测艺术家会带来什么，但毫无例外的是，伟大的宗教总是与伟大的艺术相伴而行。

讲 座

我在上次的讲座中向大家讲到了我进入到山洞的过程。之后，我做了一个杀掉西格弗雷德的梦。西格弗雷德对我来说不是一个特别能感同身受的人物，我也不知道我的无意识为什么会对他着迷。特别是瓦格纳的西格弗雷德，他极度外倾，有时候很荒谬。我从来都不喜欢他，尽管如此，我的梦却显示他是我的英雄，我不能理解做这个梦的时候产生的强烈情绪。我能够在这里以适当的方式讲出来，是因为它和我们刚才一直讨论的艺术主题有关，

---

6 雕塑（公元前 5 世纪），藏于慕尼黑古代雕塑展览馆，展现的是特洛伊战争的场景。

也就是价值的变化。

梦的内容是这样的：[7] 我来到了阿尔卑斯山，但不是一个人，是和另外一个人一起。他是个充满好奇的小个子，棕色皮肤。我们都带着来复枪。当时正是黎明时分，当星星从天际中消失的时候，我们一起爬到山上。突然我听到西格弗雷德的号角声从上方传来，我知道这是我们开枪的时候了。他在很短的时间内便出现在我们的上方，一道旭日之光照在他的身上。他坐在由骨头制成的战车上，顺着山坡向下飞驰。我心想："只有西格弗雷德才能这样做。"不一会儿，他来到小路的转弯处，朝我们而来，我们向他的胸部开了一枪。接着我对我们所做的懦弱行为充满恐惧和反感。我和那个矮个子走向前，我知道他要把刀子刺进西格弗雷德的心脏，但我觉得这太过分，于是我转过身逃跑了。我想着尽快逃到一个"他们"找不到我的地方，我可以选择顺着细微的痕迹逃到山谷，也可以到更高的山上。我选择的是后者，在我到了山上之后，天空中大雨倾盆。然后我醒了过来，如释重负。

就像我所讲的，英雄是我们认可的最大价值。当我们接受基督的生命原则为我们原则时，基督就一直是我们的英雄。当我决定接受赫拉克勒斯或密特拉的规训时，他们就成为我的英雄。因此西格弗雷德似乎也是我的英雄。我对他感到无比同情，就好像我自己被射杀一样。那么我必然有一个我不认可的英雄，我杀掉的是我理想的力量和效率。[8] 我已经杀掉自己的理智，在一个人格化的集体无意识的帮助下完成了这件事情，这个人格化的集体无

7 见 *MDR*, pp. 179ff./173f。*2012*：荣格在《红书》中写道，"我和一位年轻人来到一座高山上。当时正是黎明时分，东方的天空已经变亮。西格弗雷德嘹亮的号角在山谷中回荡。我们知道我们最致命的敌人来了。我们拿起武器，潜伏在一条狭窄的石路上，准备伺机谋杀西格弗雷德。紧接着，我们看到他坐在由人的骨头制成的战车上，从陡峭的山坡上飞驰而下，他的战车飞掠过陡峭的岩石，到达我们埋伏的小路上。当他即将到达我们埋伏的转弯处时，我们举起枪朝他开火，他直接倒地毙命。接着我便逃跑，这时候天空中大雨倾盆。但是此后，我几乎被折磨致死，我确信我必须杀死自己，否则我将无法解开谋杀英雄之谜"。(*Liber Primus*, chapter 7, "Murder of the Hero," pp. 241-42。)

8 *2012*：荣格在《红书》中写的是，西格弗雷德"拥有我最珍视的伟大和美好的一切，他是我的力量，我的勇敢和我的荣耀"(p.242)。

意识就是那个和我一起的矮个子。换句话说，我废掉了自己的优势功能。

艺术也在进行类似的过程，也就是通过杀掉一个功能，从而释放另一个。

下雨是紧张感释放的象征；也就是说，无意识的力量被释放了。当这种情况发生的时候，会带来放松的感觉。犯罪是赎罪，因为在主要的功能被废黜之后，人格的其他面才有机会出生。[9]

---

9 *2012*：荣格在《红书》中写道，“大雨就是来到人们面前的巨大泪流，这是死亡的束缚使用可怕的力量累加到人们身上的紧张感得到释放之后而产生的巨大泪流。这是我身上那些死者的哀悼，带来埋葬和重生。雨水使大地肥沃，大地因此长出新的小麦，也就是青春焕发的神。”（p.242）

第8讲

问题与讨论

哈丁博士的问题：“你在上一讲中谈到艺术的时候使用了‘主体性’一词。我们几个人在讨论中也注意到这个概念的重要性，有些人认为还存在有争议的地方。特别是流行的观点认为，一方面，主体性是一个只能用于内倾的概念，而另一方面，内倾的人又不能拥有具体的人格。你能多讲一些吗？”

荣格医生：“主体性”的第一个含义就像你所讲的一样，也就是一个人特有的既定观点，与其他任何个体都不同。从这个意义上看，它经常被用作对一种态度的批判，也就是说，这意味着一个人没有客观地对待一个特定的东西，或者就像我们所说的“与真实的状况不符”。但是，这绝对不是说一种观点是主观的，就是一种责备，或许所需要的正是特定个体的个人观点。

此外，“主体性”这个概念也意味着来自主体的论点，但主体也是一个客体。每个人都会有一些集体的思想，例如达尔文的理论，这些是相当客观的。不能仅仅是因为它们可以在个体的心里找到，就说这些思想属于主体。人们还倾向于将一些无意识的产物用来建立他们个体的独特性，但实际上这些无意识产品是所有人共有的，由于它们带有集体性的特质，所以它们

是与主体精神相对应的客体。

当然，我们必须记住，在一定程度上，所有客观的陈述都是主观的。也就是说，它由于经过主体的心理通道而产生了某种程度的折射。在我写《心理类型》的时候，从来没有如此清楚地知道这一点。我认为将折射的影响缩小到理想中的最小值几乎是不可能的。事物进入语言中的那一刻是以牺牲它的客观性作为条件的。以一部德语作品中的情感为例：德语的一个特点是没有区分“感觉”和“情感”，这不同于英语和法语。因此德国人写的情感，很有可能指的是感觉，而非情感，从而这使他的想法带有特别个人化的倾向。还有，以德语的词汇“现实”（Wirklichkeit）为例。“现实”的拉丁文词根是res，字面意思是“事物”，但德语将“事物－现实”翻译为Dinglichkeit，而对德国人而言，Wirklichkeit意味着一种特定的现实，也就是生活中可行的和有效的现实。如果我们进一步追溯这些词的内涵，就会使我们陷入对微妙差异的可怕纠缠中，但涉及彻底的客观性时，你会看到语言是一个多么严重的障碍。我们心中的意象倾向于形成前见，肯定会有或多或少的僵化，但我们永远不能完全没有前见。这些事先存在的心理意象与我们的个人经验流产生接触，我将之称为主观因素。我们的心理过程不能摆脱与这些事先存在的意象之间的交织，因此很容易理解为什么一个新的思想总要为自己的存活而与这些祖先的倾向做斗争。你可以将一种新思想告诉一个人，他会说，“是的，确实如此”，你对他的理解感到很欣慰，但很可能他只是歪曲地理解了这种思想中的每一个生命的火花，仅仅是为了使其更加适合他自己的心理所构成的空间；你说完后会希望自己从未尝试提出这个思想。

那么从第二重意义上看，主观的因素被认为是由客观的材料构成，也就是祖先的观点。艺术家回到了这些祖先的观点上，他离开了外在的客体，回到被他自己的心理看到的客体，而非被他的感觉所感受到的。哈丁博士，这回答了你的问题吗？

哈丁博士：是的，但我想你再多讲一些“主体性”和内倾与外倾的联系。

荣格医生：外倾者的价值基础是外在的客体，而内倾者的价值基础是内在的客体。外倾者受到他和外界事物关系的控制，而内倾者受到他与内在事物关系的控制。两者的态度都来源于在原始人身上发现的态度，因为对于原始人而言，内在和外在倾向于形成一种经验。原始人十分确定他既拥有内在价值，也拥有外在价值，因为他不会想到去区分两者。远古的神皆是外化情绪的人格化。只有通过意识才能完成对内在和外在经验的区分，而且一个人只有通过意识才能够知道他与外在的物体有联系，所以忽略了内在，反之亦然。

有意识的外倾者重视他和外在物体的联系，而害怕内在的自己。内倾者不害怕自己，但害怕外在的客体，这给他带来巨大的恐慌。你们应该记得亚西比德和苏格拉底。[1] 亚西比德要去做一个公开的演讲，他告诉苏格拉底，他由于害怕听众而没有完成这个任务。苏格拉底把他带到雅典，首先来到一个铁匠那里说："你认识这个人吗？""认识。""你怕他吗？""不怕。"接着苏格拉底又将他带到鞋匠那里，问了相同的问题，亚西比德这次也没有恐惧。"这些，"苏格拉底说，"都是你害怕在他们面前讲话的人。"但对于内倾者而言，这是正常的情况，大众会在他面前堆积成怪物。有时候他能够补偿这种劣势，为了制服怪物而发展出一种强有力的方式。内倾者的恐惧来源于无意识的假设，即认为客体有太多的生命力，这是古代魔法信仰中的一部分。

而外倾者会把世界视为一个令人愉快的大家庭。他并不会把恐惧投射到客体那里，反而对其感到舒适。但为了向你们展示外倾者对自己的感受，我可以跟你们讲一个我分析过的患者，他表现出来的是过度的外倾，把自己累坏了。我告诉他必须每天独处一小时，他说没问题，他会在晚上和妻子听一些音乐。"不，"我说，"不是这样，你必须一个人待着。""你说的是阅读吗？""不，什么都不做，只思考。""我决不会做这种事，"他说，"那会直接

1 这个趣闻没有在文献中找到。

导致抑郁。”

德·安古洛博士：如果你听说有人对集体无意识的材料持外倾的态度，你认为这是什么意思？

荣格医生：很难说，你觉得这意味着什么？

德·安古洛博士：我不知道这意味着什么。

荣格医生：以内倾者为例，他对待集体意象的态度就像外倾者对外在世界的态度一样，他将其视为浪漫或冒险来经历。相反，外倾者用内倾的方式对待自己的无意识材料，也就是说，用极度小心的方式，并使用很多手段驱除内在客体施加到他身上的力量。在看到一片绿地的时候，外倾者会跳进去，让沼泽淹到自己的颈部，又抽身出来，抖掉身上的泥水，接着又愉快地前行。如果是内倾者遇到这样的情况，他几乎没有能力再继续走路了，会对自己犯的错误怨天怨地；但如果沼泽在自己的内心，他就能跳进去，然后毫无损伤地出来，而外倾者会不惜一切代价去避免跳入内心的沼泽。

讲　座

你们应该还记得我上次讲给大家的西格弗雷德被杀的梦。山洞中暗示的某些东西在这个梦中得以实现，英雄在那里被杀，谋杀在这里完成，因此我们可以说这个梦是山洞中幻象的展开。当然，在谋杀英雄这样的事情发生之后，可以预料有些事情的发生。西格弗雷德代表理想，杀掉理想就是杀掉优势功能，因为它是主导性的功能。头脑清醒的人使用自己的理智作为最重要的工具，这是一种真正的理想；如果他的理想与他人头脑中对理智的理想不一致，他也不会去改变自己以适应他人。当理智或人格优势功能被逼迫到一定程度，它会变得冷酷，带有轻盈或气态的特点。因为它通常是有效的理想，我们会认为我们能够将一个功能分化到这个水平是一个非常完好的成就，但在现实中它是一件非常机械的事情。以一个非常理智的男性遇到一个高度分化的情感类型的女性为例，他们对彼此都很失望，会认为对方既空洞又枯燥无味。

非个人的情感和思维具有非常强的相对性。当我们关注它们的时候，它们显得很突出，而在现实中它们是没有生机的，因为个人的无意识在寻求从一个功能的极度分化中回到更加完整的生命里，因此原始的功能开始变强。在思维变得自相矛盾之前，我们在分析中什么都做不了，也就是说，有些东西在同一时间既是真实而又不是真实的。对情感而言也是如此，一个分化的情感类型者必须到达同时对同一事物最爱和最恨的点，才能在另一个功能中找到避难所。

在之前山洞中的幻想里，黑色的圣甲虫跟在金发的英雄之后。英雄可以被视为白天的太阳，也就是优势功能。在他经历黑夜之后，诞生了一个新的太阳。我们期待出现的是一个新英雄，但在现实中这是午夜的太阳。

白天的太阳在黑夜中也有对应的部分，这种思想是一种原型思想。例如，毕达哥拉斯认为还存在着另一个一模一样的地球。这个思想来自一本在战争中以匿名的形式出版的著作。这本书的名字是《彼得·布洛布斯：真正的梦》(*Peter Blobbs—Real Dreams*),[2] 午夜太阳的隐喻出现在第一个梦中，梦的名字叫“摇摆香炉之夜”。梦者在一座旧的大教堂中，教堂慢慢挤满了人，当时正是日落前后。教堂中间悬着一个前后摆动的香炉，夜越深，它摆动的幅度越大。同时教堂中充满了穿着各个世纪服装的人，最后原始人也走了进来。随着教堂的人越来越多，香炉也摆得越来越厉害，发出更多的光。随着午夜的到来，香炉摆动的幅度到达了顶峰，摆动随后开始渐缓，并在太阳升

2 并非匿名：Arthur John Hubbard, MD, *Authentic Dreams of Peter Blobbs and of Certain of His Relatives* (London, 1916)。荣格 1920 年夏天在英格兰的康沃尔所做的讲座中也谈到过这部作品（但很明显没有被记录下来）见 *Dream Analysis*, ed. William McGuire, introduction, p. ix。

起的时候停了下来。

这是无意识运动的极佳范例。随着白天的逝去，无意识被激活，到了午夜，香炉充满光芒，但照射的是过去。随着动力原则力量的增加，我们就会回到更远的过去，我们就越会受到无意识的控制。精神错乱的人回到这种奇怪的心理状态中的程度最深，他们不能理解自己的想法，也不能让别人理解他们。有时候，如果一个被认为精神失常的人，不论用任何办法能够使他的想法被人理解，那么他就能够从这种极其怪异的反常中健康地走出来了。有一次，一位瑞士的年轻人拿着一束鲜花试图跳进德国皇后的马车里。当他成功后，他大喊："给女皇的瑞士颜色！"他的过去经历显示：他一度相当疯狂，认为自己是卢梭，并去了卢梭岛，[3]写了一部5000页的书。当他在卢梭岛上的时候，一对德国夫妇到那里生活。妻子认为自己被误解了。后来她和这位年轻人彼此相爱。一段时间之后，她无法忍受他，逃回了柏林，不久他也跟着去了。他要在皇室中寻找她，因为他认为她必定出身于高贵的家庭，当他把花给皇后的时候，他认为这是送给他的岳母的。

我对他进行了非常深入的分析，发现他所有的想法都符合逻辑。他不知道自己为什么被认为是精神异常，他很确信如果教授们能够理解，他们就不会把他锁起来。他成功地使我理解了他，最后我将他放了出去。大约两年前，我收到他从美国寄来的信，他表达了对我的感激。他结婚了，家庭美满，也没有再回到自己的麻烦中。因为我能够懂他的想法，所以他能够克服所有看似精神失常的意图和目的，回到现实。后来我在其他案例那里也观察到了类似的情况。

动力原则越进入充分的摆动状态，无意识获得的力量就越大，这种状态会一直持续到早发性痴呆的状况出现。香炉的梦非常完美地显示，力量的缓慢上升伴随着夜的深入，当白天的太阳或优势功能消失的时候，它就变得耀眼。

---

3 应该是比尔湖的圣皮埃尔岛，J. J. 卢梭在1765年前往这里避难两个月。

为什么劣势功能不会立即出现？因为劣势功能与集体无意识相连，最先只能在集体幻想中出现。当然，它们最初的一面并非看起来就是属于集体的。我们认为集体无意识相当独特，拥有它们的人会感觉到害羞和退缩，通常又会很多疑，就像藏着一个巨大秘密的人一样。从这种状态到上帝的全能状态只是一步之遥，而这个人却会越来越与集体无意识一致。

下一个在我身上发生的事情是另一个幻想的幻象。我使用了同样的下沉技术，但这一次我走得更深。[4] 如果说我第一次达到的是 1000 英尺（约合 304.8 米）的深度，那么这次达到的则是宇宙的深度，就像去月球一样，或者像下沉到空洞的宇宙空间的感觉。幻象的第一个画面是火山口，或者群山的环链，我的情感联想是一个死者的，好像这个死者是受害者，这是在来世的土地上的心境。[5]

我能够看到两个人，一位白胡子老人和一位漂亮的年轻女孩。我认为他们都是真实的，并听他们在讲什么。老人说他是以利亚，[6] 我感到很震惊，但那个女孩更加令人不安，因为她是莎乐美。我对自己说，这是一个相当奇怪的组合：莎乐美和以利亚，但以利亚向我保证他和莎乐美自古都是在一起的。这也让我感到不安。[7] 还有一条蛇跟着他们，它似乎被我吸引。我坚持认为以利亚是非常理性的，因为他似乎很有想法。我对莎乐美极度怀疑。然后我们进行了很长时间的对话，但我不能理解对话的内容。当然，我觉得由于我父亲是一名神职人员，所以我才会想象到这些人物。那么这位老人呢？莎乐美不能被碰触。很久之后我才发现他和以利亚的联系是相当自然的。无论你在什么时候进入这样的旅程，你在旅途中遇到一位年轻的女孩和一位老人，

4　见 *MDR*, pp. 181f./174。

5　*2012*：这个幻想发生在 1913 年 12 月 21 日，见 *Liber Novus*, pp. 245f.。

6　抄本：“Elias”(这是 Elijah 的德语和希腊语写法)。关于莎乐美，见第 11 讲和第 12 讲。

7　*2012*：我问，“是什么奇迹将你们结合在一起？”/ 以回答，“不是奇迹，我们从一开始就是如此。我的智慧和我的女儿合一”。/ 我感到十分震惊，无法理解。/ 以回答，“你这样想，她是盲人，而我视力良好，从而使我们之间的关系永恒不朽”。(*Liber Novus*, p. 246）

你所熟悉的很多书籍中都会有这两个人物的例子，例如梅尔维尔和赖德·哈格德的著作。[8]在诺斯替教的传统中，据说西门·马吉斯（Simon Magus）一直和他在妓院中发现的一位年轻的女孩同行。她的名字叫海伦，据说是特洛伊的海伦的转世。[9]还有昆德丽和克林索尔。[10]还有一部公元15世纪的修道士F·科隆纳的作品《寻爱绮梦》（*Hypnerotomachia*，“梦－爱－冲突”）中再次出现了类似的故事。[11]除了这些我给出的哈格德和梅尔维尔的例子之外，还有麦林克的著作。[12]

---

8 见赫尔曼·梅尔维尔的小说《玛迪》（*Mardi*，1849）中关于牧师和少女的主题；关于哈格德的小说《她》(*She*)，见下文第15讲和第16讲的末尾。

9 见“Archetypes of the Collective Unconscious”(1934)，CW 9 i，par. 64，以及后期的作品。荣格早在1910年就已经开始研究诺斯替教的作家（*MDR*，p. 162/158），而且他说从1918年到这次讲座，他一直在“很认真地”研究（同上，p. 200f./192f.）。*2012*：西门·马吉斯（公元1世纪）是一位魔法师。在《使徒行传》（8:9-24）中，他在成为一名基督徒之后，想要购买彼得和保罗能够传递圣灵的权柄（荣格认为这是讽刺）。更多关于他的记录出现在使徒彼得的行传，以及教会神父的著作中。他被视为诺斯替教的奠基人之一，西门教派在公元2世纪出现。据说他总是和一位女性一起行走，他在泰尔的妓院中找到她，而她是特洛伊的海伦的转世。荣格将之视为阿尼玛形象的范例（“Soul and Earth，”1927，CW 10，§ 75）。关于西门·马吉斯，见Gilles Quispel，*Gnosis als Weltreligion* (Zurich: Origo Verlag，1951)，pp. 51-70，and G.R.S. Mead，*Simon Magus: An Essay on the Founder of Simonianism Based on the Ancient Sources with a Reevaluation of His Philosophy and Teachings* (London: Theosophical Publishing House，1892)。在《红书》中，基督称腓利门为西门·马吉斯（p.359）。

10 见*Wagner's Parsifal* (1882)。*2012*：昆德丽和克林索尔也出现在了《红书》中（p.302）。

11 Francesco Colonna，*Hypnerotomachia Poliphili* (Venice，1499)。见荣格的学生琳达·菲尔兹－大卫的诠释研究，*The Dream of Poliphilo* (tr. Mary Hottinger，B.S.，1950；orig.，Zurich，1947)。

12 Gustav Meyrink，*Der Golem* (1915) 和 *Das grüne Gesicht* (1916)，在 *Types* (CW 6)，par. 205，以及后期的作品中被引用。

问题与讨论

（在上一次讨论中，[1]荣格认为现代艺术家的关注点从外在客体转移到了内在客体，也就是说转移到了集体无意识中的意象上。为了能够给出他所讲内容的例子，荣格带来了一位雕刻家的一些画作，这位雕刻家曾经是荣格的患者。尽管很难在没有图片的情况下对讨论的内容进行记录，但也值得将大致的理论应用写下来。）

荣格医生：这些雕塑是一位艺术家表达集体无意识经验的尝试。当我们获得无意识的直觉时，如果在个体身上有创造性的力量，那么确定的形象就会形成，而不是让材料以碎片的形式出现。它的确也可能会以后者的形式出现，通常发生在早发性痴呆患者身上，但如果有创造性的能力，我们就倾向于塑造材料，因此我们可以说与集体无意识接触的正常形式是单一的，但当我们受到碎片化的图像攻击时，就说明人已经患病了，这一般会发生在早发性痴呆患者身上。

当艺术家获得来自集体无意识中的形象时，就会立即开始进行美学加工，他们通常会将其实体化作为纪念，等等。正如

1 第7讲。没有找到这次讲座中讨论的图片。

你们看到的，这位艺术家偏爱人像，并允许自己的想象围绕着他。他得上神经症是始于壁画的绘制，这是一份新教教堂的订单。他可以自由地选择主题，他所选择的是圣灵降临节中圣灵的降临。他开始完成自己的创作，并成功地让使徒分布在两侧，把中间的部分留给圣灵。接着他要决定如何呈现圣灵，他摒弃了常规的火的象征，陷入圣灵到底是什么的推测中。当他在自己的心中挖掘圣灵的时候，他搅动了集体无意识，开始做噩梦并有了其他各式各样的恐惧，因此直到他来我这里寻求治疗的时候，他已经完全忘记了自己对圣灵的原始追求。在接受我分析的过程中，他的任务是使集体无意识形象形成具体的形态。

正如你们注意到的，第一组诸神形象是张着嘴并闭着眼的，力比多被吸入到无意识中。接着他觉得相对简单的东西并不足够，所以他开始呈现无比复杂的形象。最终，他将这些形象表现为极度恶魔化的形象，和爪哇的其中一个魔神非常相似。这就是他想到的圣灵。我们后来失去了联系。

沃德博士：他曾经有过任何他会称之为宗教体验的经历吗？

荣格医生：有的，这些与集体无意识的接触就是他的宗教体验，他也是这么理解的。说到这里，有趣的是路德提出了上帝的两面性的概念。他设想了显现的上帝、隐藏的上帝，而后者成为生命的邪恶力量的象征。换句话说，消极的力量让路德印象深刻，因此他需要将它们保留到神性中；那么恶魔在两种力量中只起到次要的作用。

奥德里奇先生：如果这是这位艺术家消极的神性概念，那么他积极的概念是什么？壁画上的人物都是谁？

荣格医生：差不多都是使徒的常规表现形式。像所有的内倾者一样，他在意识上倾向于保持学术性。

（还有很多提交上来的问题，接下来的时间是对它们的讨论。）

伊凡斯女士的问题：“我们拥有的对立两极各自都没有拉力或推力吗？没有必要保持我们的平衡吗？例如：一个人既好又坏，既慷慨又吝啬，既固执又顺从。只来自一侧的推力会在道德或躯体上将他摧毁吗？

“个体人格的发展同时需要善和恶吗？（《无意识的心理学》，1919 年版，第 121 页。）

“在对立的两极中间不存在无活动，也就是说，不存在处于静止不成长的状态吗？在他的冥想中出现的是东方密教中长期渴望的涅槃吗？”

荣格医生：要正确地回答这个问题，需要对这个问题涉及的两极进行深入的讨论。班内的同学希望我们继续讨论还是将其推迟到下一讲进行？

（大家投票将关于对立两极的问题讨论推迟到下一讲进行。）

科瑞小姐：在前面的讲座中，你提到为了被动地观察梦而反转心理机制。你又在随后的讲座[2]说观察无意识只是一种知觉的连接和最糟的态度。我不明白之间的区别。这是你在白天使用黑夜的态度吗？

荣格医生：这两种生命不属于彼此。我说为观察而反转机制的时候，并不是说只以观察为目的。我的目的是吸收无意识的材料，完成这一步的唯一方法是给这种材料出现的机会。当我们以知觉的态度对待无意识时，我们便不会再努力将这些材料吸收到人格中。那样一来，被观察的材料和人格之间就不存在道德关系了。但如果我们是为了吸收而去观察，这是一种要求我们动用所有功能的态度。尼采使美学态度成为主要的人类态度，[3]理智的态度也可以如此，也就是说，我们可以仅仅思考生活而从未去生活。我们并不在这个过程里，甚至不在我们自己的过程里。为了意识的缘故，我们需要离开生活并认真观察；换句话说，我们需要解离。虽然这个过程在意识的演变中是

2 见第 4 讲和第 6 讲。

3 见 *Types*, pars. 231-32。

必要的，但它也不应该被用于使我们脱离生活。我们今天应该努力实现意识加上全然参与生活的双重成就，我们今天的流行观点会认为要不惜一切代价去工作，但很多人只是在工作，而没有生活。我们不能贬低工作的理想价值，但我们能理解当工作与生活脱节的时候，它是没有价值的。

亨蒂小姐的问题："根据你在上次的描述，我们不能在不抛弃优势功能的情况下发展劣势功能吗？"

荣格医生：你能够在不消耗能量的情况下将瀑布底部的水提升到上方吗？为了激活劣势功能，你需要能量，如果你不从优势功能那里获得能量，那么它从哪里来呢？如果你将自己所有的能量和意志都留在优势功能中，那么你将缓慢地进入地狱，它会将你耗竭。普通人能够生活在任何环境中，而不会抵抗，但有些人在各式各样的状态下都会表现出对抗。例如，努力过充实的生活，这是代价最为高昂的。今天，我们带出劣势功能是为了生活，而我们要以犯错或消耗能量的形式，为此付出昂贵的代价。

有时候这并非我们的选择，我们觉察不到劣势功能。这样的情境曾出现在 2000 年前基督教的传播时期。那时候的精神价值已经沉到无意识中，为了再次实现它们，人们需要花大力气弃绝物质价值。金子、女性、艺术，所有这些都要被放弃。很多人甚至需要退隐到沙漠中，只是为了从世界中解脱出来。最终，他们甚至放弃了自己的生命，他们被抛到竞技场、被炙烤。所有这些现象都是经过心理态度的发展而出现在他们身上的。他们被献祭，因为他们破坏了那个时代最神圣的理想。他们的神学争论使罗马家庭瓦解，他们拒绝认可皇帝的神圣。他们施加到集体视角上的影响与今天任何亵渎西欧上帝荣耀的言论所起的效果类似。我们今天也在寻找其他的价值，我们寻求生活，而非效率，我们所寻求的与我们时代的集体理想直接抵触。只有那些有足够能量的人，或者迫不得已的人，才能够经历这个过程，但一旦投入，你必将为此流血。这是一个全世界都在进行的过程。

罗伯逊先生：是什么迫使人们在2000年前持有这种态度的？

荣格医生：人们找不到其他的方式来与这种异教带来的极端对抗。基督教引发的态度反转使当时的文学和艺术失去了活力。根据文献学者的观点，当时一切有价值的东西都消失了；仅存阿普列乌斯作品的燃烧余烬中的微弱火光。事实上，那仅是因为创造力量的主流离开了古人开凿的通道，并寻找新的基础。新的文学和艺术出现了，其中德尔图良便是一个例子。[4] 力比多在300年间上升到精神的价值中，并在人类的心理中引发了巨大的变化。这类集体运动一向难以靠个体来维系，它们在无意识中抓住人们，而人们却不知道发生了什么。因此那时候的文学充满病态的多愁善感，创造力的火花已经离开了意识，被埋在无意识中。早期基督教时期的人们意识不到他们时代的整体运动，他们不能认识到自己是基督徒，反而通过加入各种密教来寻求基督教所提供的东西。他们不能接受这基督教，因为它的起源掌握在被他们鄙视的人手中。

我们时代的大多数困扰都来自一种认识的缺乏，即意识不到我们是脱离主流的群体。当你置身于群体中的时候，你会失去危机感，正是这一点使我们不能看到我们在哪里偏离了集体的深流。

辛克斯小姐：当你说到带出你的劣势功能时，你说的是它处在无意识中的那个吗？

荣格医生：是的。

辛克斯小姐：我理解你的意思是，你在与自己思维的对抗中发展出自己的直觉。

荣格医生：不，我的意思是，将情感放在思维的对立面。作为一名自然

---

4 *2012*：德尔图良（约160—220）是一位神父，负责过很多早期教会术语的编纂。荣格在1921年的《心理类型》中论述过他的作品（CW 6，§ 16f.）。

科学家，思维和感觉在我这里是最重要的，而直觉和情感在无意识中，受到集体无意识的浸染。你不能直接从优势功能获取劣势功能，只能借助辅助的功能。似乎无意识与优势功能如此对抗，以至于无意识不允许直接的攻击。借助辅助的功能的过程大致如下，假设你的感觉发展得最好，但对此并不狂热。接着你在每一种情境中都允许可能性的存在；也就是说，你允许直觉的元素进入。感觉作为辅助的功能，会允许直觉的存在。但只要感觉（例子中的）为理智服务，直觉就和情感为伍，那么情感在这里是劣势功能。因此理智不能认可直觉，在这种情况中，会排斥直觉。理智不能同时结合感觉和直觉，反而会分离它们。这样的具有毁灭性的企图会受到情感的检视，而情感支持直觉。

再以其他类型为例，如果你是直觉型，那么你就不能直接触及自己的感觉。对你来说，它们充满恶魔，因此你必须借助理智或情感，无论哪一个在意识中是辅助的功能。对于这样的人来说，需要非常冷静的理性才能保证自己立足于现实。综上所述，这条路是从优势功能到辅助功能的，再从后者到与辅助相对立的功能。通常意识中的辅助功能和它在无意识中的对立功能的冲突是最先出现的，这是在分析中发生的战斗，可以被称为最初的冲突。优势功能和劣势功能之间压倒一切的斗争只在生活中出现。以理智的感觉型为例，我认为初始的冲突发生在感觉和直觉之间，而最后的斗争发生在理智和情感之间。

德·安古洛博士：为什么主要的斗争不能在分析中出现？

荣格医生：只有在分析师失去自己的客观性并卷入患者的个人生活中时才会发生。在这里可以这样说，分析师总是处在陶醉于无意识的危险中。假设一位女性来到我这里，跟我说我是她的救世主。虽然我的意识知道她对我产生了一个可怕的投射，但我的无意识却会接受这个说法，它还可能会膨胀到惊人的程度。

科勒女士的问题：（原始的问题已经遗失，问题的内容与意志有关。）

荣格医生：不能说人的意志就像一颗向下滚的石头。实际情况是，你能够通过意志释放出一个过程，比如一个幻想，接着它会独立发展。我们有两种看待意志的方式，例如叔本华的观点，他提出生的意志和死的意志，两者是生和死的驱力。我倾向于保留意志的概念，因为我们意识中能够支配的这一部分的能量是非常小的。现在，如果你用这一小部分去激活本能的过程，后者会带来的能量远远比你所支配的大。

人的力比多包含两种对立的冲动或本能：生的本能和死的本能。年轻的时候，生的本能比较强，这就是为什么年轻人不热衷于生命，因为他们拥有生命。力比多作为一种能量现象，它包含对立的两极，否则就没有力比多的运动。用生和死的术语是一种隐喻；其他的术语也能这么用，只要它们能呈现出对立。在动物和原始人身上，对立两极之间的距离比所谓的文明人之间的距离更近，因此动物和原始人比我们更容易与生命分离。原始人会为了让自己的灵魂纠缠敌人而自杀。换句话说，由于我们的解离，对立的两极离得更远，这为我们增添了心灵的能量，代价是我们变得片面化。

如果对立的两极相互接近，个体便容易改变。他能够快速地从扩张的情绪过渡到死亡的情绪。

我们这次讲座讨论了对立两极，大家还希望在下次的讲座中讨论这个问题吗?

（班级通过投票同意了。）

荣格医生：

你们想以什么特定的方式讨论对立两极的问题吗？

德·安古洛博士：我想从它们在自然中出现开始，然后再说到他们在人身上的出现。

荣格医生：从某种意义上讲，这就像从屋顶开始建造房屋，因为对立的两极这一概念是对自然的投射。正是出于这个原因，我们最好从我们关于对立的两极的心理体验开始，因为我们并不能完全确定世界的客观性。例如，流行的一元论观点否认世界的二元性，也就是说，它坚持我们的单一性和世界的单一性。如果你支持对立的两极理论，那么你便能同时支持一元论和二元论，而这两者也是一对对立两极，但此时你会发现自己又一次陷入了自己人格的魔法环。在你成为永恒的鬼魂之前，你不能脱离自己的局限性。

这里有一个辛克斯小姐提交的问题，她想了解这个问题的哲学一面，我认为我们能够从这一面找到更好的方法。

辛克斯小姐的问题："在分析中处理对立问题的时候，要将它们视为心理的还是生理的现象？从生理的角度上看，对立的元素能够被移除，而与之相反的是哲学的视角，即它们在逻辑

上是质的对立，因此是不相容的。”

荣格医生：两极对立的思想非常古老，如果我们要恰当地讨论它，我们需要回到中国最早的哲学源头，也就是《易经》。[1]奇怪的是，对立两极的观念并未出现在埃及的思想中，但它们却是中国和印度哲学的基本部分。在《易经》中，它们以不断重复的对立转化出现，通过这个行为，一种心理状态必然导致它的对立面。这是道家的核心思想，这个原则也广泛存在于老子和孔子的著作中。

《易经》是中国哲学的源头，由文王和周公赋形。文王曾被囚禁过，他对《易经》做出了直觉诠释。你们肯定有人知道《易经》的技巧。卦序象征对立转化，可以被视为矛盾的心理学。也就是说，当 a 原则上升的时候，它的对立 b 原则会下降，但物极必反，b 在到达一个点后会不知不觉地增加，直到成为主导。同样的概念也出现在道的象征中，对立的原则在这里是一黑一白两部分首尾相衔的鱼。它们被认为分别是男性和女性元素。白色的部分，或男性原则，包含一个黑点，而黑色的部分，或女性原则，包含一个白点。因此阳性男性原则充分发挥的时候，会产生阴性女性原则，反之亦然。

《道德经》(*Tao Tê Ching*) 也是建立在这些对立原则的基础上，尽管是以另外一种不同的方式表现出来的。《道德经》的作者老子有可能以某种形式和《奥义书》(*Upanishads*) 的哲学有关系，因为两者有相似之处。或许他担任图书管理员的国王图书馆中藏有婆罗门教的经典，又或许他是通过一些旅行家接触的。老子的对立思想如下：高取决于低，大善和大恶也是如此，也

---

1 抄本：“*Yi King*”。这是詹姆斯·莱基（理雅格）翻译的标题（Sacred Books of the East, XVI, 2nd ed., Oxford, 1899），这是 1925 年唯一可以使用的英文版本。(荣格的图书馆中藏有 46 卷《东方圣典》(*Sacred Books of the East*)。) 本书参考的是卡莉·F. 拜恩斯从理查德·威尔海姆（卫礼贤）的德文版《易经》翻译而成并由荣格作序的英文版（New York/Princeton and London, 1950; 3rd ed., 1967. 序言也被收录到 CW 11）。英文译者最初是德·安古洛博士，也就是这次讲座的记录者。荣格大约在 1920 年开始对《易经》感兴趣（*MDR*, p. 373/342）；他大约在 1923 年第一次见到威尔海姆。

就是说，存在的就只有对立的平衡。[2] 尼采说“树向上长得越高，根长得越深”，也是在讲相同的概念。[3]

印度哲学关于对立的思想更加先进，这里的教诲是：“摆脱对立的两极，不要关注高和低。”[4] 完美之人必须超越自己的美德和恶习。尼采同样也表达出类似的观点，他说：“掌控你的美德和恶习。”[5] 同样在《奥义书》中，与中国的视角相反，该书强调的并不是对立，而是对立两极之间的创造性的过程。因此我们可以说《奥义书》的一般观点是一元论的。阿特曼（Atman）处在对立两极的中间，而它们几乎是必然的存在。正如我们所看到的，老子强调对立，尽管他知道两者之间的道路，即道，并认为这是生命的本质。即使如此，但他总是关注问题的教育性一面；他的意图是让学生不要忘记他们处在对立的道路上，他要教给他们一些东西，这些东西会引导他们走上这条路。

而婆罗门教的门生并未学过这些内容；但他知道这些。或许这一点源于事实，在婆罗门教中，这是通过阶级传递下来的智慧。对立的知识是僧侣阶级所拥有的，不需要教。换句话说，婆罗门教的门生根据自己的出身而处在一定的哲学水平上，并为下一步做好了准备，也就是理解对立两极之间的事物；而从精神的角度上讲，老子面对的人并不在这样的贵族水平上；他们都是具有一般智力的人。老子退隐之前写下自己智慧的传说就是我要说的一个

2 *2012*：天下皆知美之为美，恶已；皆知善，斯不善矣。有无之相生也，难易之相成也，长短之相刑也，高下之相盈也，音声之相和也，先后之相随，恒也。*Laozi: Daodejing*, trans. Edmund Ryden (Oxford: Oxford University Press, 2008), 2, p. 7。

3 *2012*：这里引用的是《查拉图斯特拉如是说》中的段落，查拉图斯特拉在这里说，“可是对人跟对树，道理却是一样的。‘它越是想往高处和亮处升上去，它的根就越发强有力地拼命伸向地里，伸向下面，伸进黑暗里，伸进深处，伸进罪恶。’” Trans. Richard Hollingdale (Harmondsworth: Penguin, 1969), p. 69。荣格在他的这本书中，在这一段的边缘处画了一条线。

4 *2012*：见 *Bhagavad Gita* [Krishna:] “吠陀 / 是三德的内容，阿周那！您应该从 / 三德中得到解脱，/ 您要坚持永恒真理，脱离双昧，丢掉财产幸福 / 只关注于自我。” Trans. Laurie Patton (London: Penguin, 2008), p. 28。

5 *2012*：见 Nietzsche, *Thus Spoke Zarathustra*, second part, chapter 5, “On the Virtuous” (pp. 117f.)。

例子。据说老子离开山坡上的家，向西而行。当他来到城门的时候，守卫认出老子，并要老子写下自己的智慧才放他出关。[6]老子将其写到一部五千言的著作中，名为《道德经》。在传说中，这部作品是为有学问的人而作，而非仅为僧侣阶级而作。《奥义书》对那些已经超越对立两极观念的人有吸引力。当你已经摆脱了幻觉，生命有价值和无价值的程度几乎相同，但这样的人通常只存在于某个专注哲学训练的阶级。

在那时候，哲学家思考的是自然本身。这种思考并非完全是有意的；相反，思想是以一种非常直接和即刻的方式偶然出现的，给人一种它是被给予到心中而非被心理创造出来的印象。当然，如果我们开始观察伟大的发现和艺术作品，我们会发现无数这一类的例子。迈尔的能量概念就是这样来的，就像来自天堂。[7]还有塔替尼的“魔鬼的奏鸣曲”，[8]拉斐尔的“圣母”（现藏于德累斯顿）也来自瞬间的幻象，还有米开朗琪罗的“摩西”。[9]当一种思想或一个幻象以这样的方式来到一个人身上时，它会带有一种强大的确信的力量。就像我所说的，这是一种原创思想的类型。今天，我们在很大程度上已经失去了这种思想的内涵，可以说，取而代之的是我们把思想当成自己创造的幻觉。我们并不相信我们的思想是在大脑中活动的原始事物，如果没有我们高尚的创造性行为，我们发明的思想是没有力量的；我们创造这种信念是为了不过于受到我们思想的影响。我们和自己的思想之间的关系就有点像公鸡与太阳的关系：公鸡确信没有它的报晓太阳就不会升起，它曾被说服试验一下如果不打鸣会怎样，但当它看到太阳升起时，它是如此不信任自己的力

---

6 *2012*：据说是尹喜，他是函谷关西门的守卫。

7 朱利叶斯·罗伯特·迈尔，德国物理学家，1840年代提出相关理论。见“On the Psychology of the Unconscious”(1917), CW 7, pars. 106ff.。

8 朱塞佩·塔替尼，18世纪意大利小提琴家和作曲家。关于给他带来灵感的梦，见 *Encyclopaedia Britannica*, 11th ed., s.v. Tartini。

9《西斯廷圣母》在德累斯顿的画廊；《摩西像》在罗马的圣彼得锁链教堂。一位研究意大利文艺复兴艺术的历史学家约翰·谢尔曼认为，早期的文献并没有证明这些作品都是受幻象启发的。他认为荣格的言论是“对19世纪专著中信口开河具体化……奇怪的事情是每一部艺术作品都象征一个幻象。”

量，以至于躲了起来，并因此确认那一天的世界将没有太阳。

当然，认为我们的思想是自己有意思维的自由表达，这一想法是相当有用的，否则我们将永远无法摆脱自然的束缚。毕竟，我们真的能思考，即便没有完全独立于自然；而心理学家的责任是做出双重的陈述，在承认人的思想力量的同时，也坚持人受困于自己局限性的事实，因此人的思想总是以一种自己不能完全控制的方式受到自然的影响。

就像我所说的，这种原始的思想既直接，又令人信服。当你有这样的一个想法的时候，你会确信它是正确的，它像启示一样到来。没有什么比投射能更好地展示这一点，你只知道它是正确的，你会对任何认为它是错误的相关言论感到愤怒。这一点在女性身上尤为明显，她们甚至可能都没有意识到投射。无意识有以惊人的方式影响我们思维的能量。由此我想到曾经阅读到兰普雷希特[10]的一部作品中的一段文字，它让我觉得男人很显然经历过乱伦阶段。我在阅读的时候接受了这一点，但之后我对自己说："为什么很明显男人经历过乱伦的阶段？"我对它展开的思考越多，它就变得越不明显。兰普雷希特毫无疑问在自己的假设中无意识地接受了亚当和夏娃的神话，因此神话引导了他的假设。因此，某种思维在时刻控制着我们，这些无意识思想像牵线木偶的演员一样起作用。

只要自然的思维本身带着自然事实的信念，早期的哲学家思考自然的时候就会有某些突然的启示，就像我们所讲的那样，他们想当然地认为是自然在对他们讲话，他掌握了自然的真理，毫无疑问，这是正确的。他们从未想过这可能是个投射，没有现实世界的基础。对立原则也是如此：早期的哲学家认为它是自然赋予人类的。《易经》的传说中讲到一匹来自黄河的白马驮

10 卡尔·兰普雷希特，德国历史学家，见 *Dream Analysis*, p. 192。*2012*：关于荣格的主导因素概念与兰普雷希特作品的关系，见 Shamdasani, *Jung and the Making of Modern Psychology: The Dream of a Science* (pp. 282–83 and 305)。

来建构起象征的卦。圣人将其抄了下来，这就是河图。[11]

我们现在并不这么想，因此我们不再认为自己的思想就是自然；正是我们思维过程运作的方式使我们摆脱了当我们思考时是自然在对我们说话的观念。但这些人允许他们的精神不受控制地运作，而由于大脑活动也是一种自然的现象，因此是自然的真实产物，从而包含自然力量的运作结果。大脑的成果是自然的产物，因此必须假定包含自然的一般原则。一位非常聪明的人能够从一个苹果中建构出整个世界，他能够告诉你苹果生长的气候，结苹果的树，以及吃苹果的动物，简而言之，就是与苹果有关的一切，因为一切都是彼此联系的。那么为什么大脑不能产生完美的自然果实从而再造全部的自然？很明显，没有规律能够证明这一点，但我们不能假定我们大脑的产品不是来自自然；因此我想没有理由认为我们在古代圣人的思想中找不到惊人的真理，比如《易经》中的真理。据说孔子很后悔自己没有为《易经》倾注全部的生命，而且在指导他的行动时，《易经》只有一次没有成功。

自古以来，对立的两极一直是人类思想的主题。下一个我们要考虑的与它们有关的哲学家是赫拉克利特。他的哲学非常具有中国的特点，并且他是唯一一位真正领会东方精神的西方人。如果西方世界追随他的脚步，那么今天我们所有的立场都会是中国式的，而非基督教式的。我们可以认为赫拉克利特在东西方之间做出了转换。在他之后，历史上下一个深入又认真地关注对立的两极问题的人是阿伯拉德，但他摆脱一切与自然的联系，完全将这个问题理智化。[12]

最近这个问题通过分析再次浮现。弗洛伊德论述了很多对立的两极，因为它们在病理心理学中得以呈现。在施虐者的案例中，总是能够在他的无意

---

11 通常被称为河图（Yellow River Map），见 *I Ching*, 3rd ed., pp. 309, 320。

12 *2012*：皮埃尔·阿伯拉德是一位中世纪学者。1921 年，荣格在《心理类型》(CW 6）中对他的作品有较长篇幅的讨论，主要是关于唯名论和实在论之间的争议（§ 68f.)。

识中发现受虐倾向，反之亦然。[13] 一面是守财奴的人，在另一面就是挥霍者。我们都知道在过度善良的人身上的残忍，令人尊重的人通常会生出惹是生非的儿子。[14] 在弗洛伊德和阿德勒的作品中上和下的原则在持续地起作用。

我也从病理学的角度上理解这个问题，首先是在性心理学方面，其次是整体性格方面。我将对立两极构思为在每个趋势中寻求对立的启发原则，并且一直奏效。我认为极端狂热建立在隐藏的怀疑之上。托尔克马达是宗教裁判所之父，他之所以如此是因为他的信仰缺乏安全感；也就是说，他的无意识中充满怀疑，而意识中充满信仰。因此，一般任何过度强大的立场都会带来它的对立面。我将这种现象追溯到力比多的基本分裂，由于它的分裂，我们绝不可能在疯狂地追求任何东西的同时而不去摧毁它。在我的一个患者身上发生的事就是这样一个非常生动的例子。她是一位年轻的女士，和一位男士刚订婚，但由于经济的困难，她不能嫁给他。最后，这位男士远走日本，并在那里居住了三年。在这段时间，我的女患者写最美的情书给他，非常想念他，以至于每天都是艰难度日。接着这位男士回来了，二人结婚，但几乎与此同时，她完全陷入精神失常，被送回家了。

因此，当你说“是”的时候，同时你也在说“不”。这个原则似乎很难理解，但事实上力比多中肯定存在着这种分裂，否则一切都不会起作用，而我们将依然停留在呆滞的状态。[15] 没有死亡的围绕，生命不会如此地美。曾经有一位非常富有的患者对我说：“我不知道你会对我做什么，但我希望你能够给我一些不是如此单调无味的东西。”那正是生命没有对立部分的样子；因此对立的不应该被理解为错误，而应该被理解为生命的起源。在自然界中，道理也是一样的。如果没有高低之分，水便难以成流。现代物理学用熵这个概念表达了当所有对立从自然中被移除后的状况，也就是说，在没有温

---

13 *2012*：见 Freud，*Three Essays on the Theory of Sexuality*，SE 7。

14 抄本：“儿子的地狱。”误写？

15 这一句和前一句引自 Joan Corrie，*ABC of Jung's Psychology* (London，1928)，p. 58。

差的温热中死去。如果你已经达成自己所有的愿望，那么你就有了心理熵。因此，我认为我之前视为病理学的现象实际上是一种自然的规则。我们是一般能量过程的一部分，而当我们将这个事实铭记在心时，所看到的便是我在《心理类型》一书中呈现的心理学。

当我开始写《心理类型》的时候，有位法国的编辑想请我为他正在编辑的论述对立的丛书写一部相应的作品。他发给我一个很长的可以考虑的对立清单：行动和无为，精神和物质等，但我没有考虑所有这些派生或从属的对立，而专注于寻求基本的东西。我从能量的流入和流出的基本思想开始，在此基础上我建构出内倾和外倾类型的理论。[16]

你们应该记得，在上一次的讲座中我曾提到，当我在写《无意识的心理学》的时候，我有了力比多的分裂这一概念，但“力比多的分裂”的说法可能会造成误解。力比多本身并没有分裂；它是对立之间平衡的运动，你可以说力比多是一或力比多是二，这取决于你关注的是流动，还是流动中的两极。对立是力比多流动的必然状态，[17] 因此你会根据这一事实对世界持二元概念，但你也可以认为“流动”（也就是能量）是一，也就是一元论。如果没有高和低，水便不能流动；如果有高和低，却没有水，什么都不会发生；因此世界上同时存在二元和一元，持有何种立场取决于你的特质。如果你是像老子一样的二元论者，只关注对立，你会发现所有处于中间态的都会被他概括为“道是静止”。但如果你是像婆罗门教徒一样的一元论者，你会写一系列关于阿特曼的作品，也就是关于对立之间的事物。

因此，一元论和二元论都是心理学的问题，都缺乏内在的有效性。我们更关注的是对立两极的存在。也就是说，对我们而言，“所有的东西都是对立的”是一个新发现；我们依然不愿意接受我们善中的恶，也不承认我们的

---

16 “A Contribution to the Study of Psychological Types”(CW 6), pars. 499ff.，最初在 1913 年以德语的形式在会议上报告，又在同一年修订成法语版本。

17 前一句和这一句都引自 Corrie, *ABC*, p. 58。

理想是基于并不理想的事物的事实。我们需要努力学习自己立场的对立面，理解生命是在两极之间进行的过程，只有有死亡的围绕才能完整。我们现在就像老子的门生一样，需要用“它那么静止”描述“道”，因为我们听不到它。但如果我们逐渐意识到对立，我们便被迫去寻找化解它们的方法，因为我们不能生活在似是而非的世界中，我们必须进行创造，这能使我们获得高于对立两极的第三点。我们可以采用道或阿特曼作为解决方法，但前提是这些哲学思想对我们的意义与对它们的提出者的意义是一致的。但又并非如此，道和阿特曼都在成长，阿特曼出自莲花，而道是静水。也就是说，它们是启示，但对我们而言，它们就是概念，会让我们觉得冷冰冰的。我们不能像那时候的人们一样吸收它们。可以肯定地说，神智学者在尝试解释这些概念，结果就像饶舌之人一样不知所云，隔断了它们与现实的所有联系。

那些人得到这些启示，思想从他们那里发展出来，就像苹果从苹果树上长出来一样。对我们而言，它们给了理智巨大的满足感，但与结合对立的两极没有任何关系。试想一个患者带着巨大的冲突来找我求助，我对他说，“读一读《道德经》”或“将你的烦恼扔给基督”。这是极好的建议，但这在帮助解决他的冲突方面意味着什么？什么都不是。可以肯定地说，对天主教徒有用以及对新教徒部分有用的东西并不适用于所有人；传统的象征对几乎我所有的病人都不起作用。因此我们的道路必须是一个有创造性特质的道路，在那里能发生具有启示特质的成长。分析作为一种体验，必须给我们恍然大悟或启示降临之感，这是一种包含实质和躯体的体验，就像在古人身上发生的事情。如果我们要给它一个象征，我会选择“天使传报”。

斯韦登伯格（Swedenborg）曾经有过这样一种直接又有挑战性的体验。他当时在伦敦的一家旅馆中，刚用过非常美好的晚餐，之后他突然看到整个楼层都被蛇和蟾蜍覆盖了。他感到非常震惊，特别是当一个披着红斗篷的人出现在他面前的时候。你们可以想象，毫无疑问，这个幽灵会对斯韦登伯格说重要的话，但他说的是：“不要吃太多！”这就是斯韦登伯格的思想具有的外形，由于这种思想的表现形式十分客观，所以对他有巨大的影响。他被它的深度震撼到了。[18]

我又想到一个类似的例子，这是一个喝得大醉的人。一天晚上，他在一次非常美好的狂欢宴上喝得烂醉之后回到家里，听到楼上有人在举行盛大的宴会，他享受其中。5点的时候，他来到窗户边查看巨大的噪声是什么。他的窗户外的小巷中有一些梧桐树，他看到一个热闹的牲畜集市，但猪都在树上。他提高嗓门大吼，让人们当心猪，之后警察把他送到了精神病院。当他意识到发生了什么的时候，他戒了酒。

在这两个例子中，自然都产生了非常恐怖的东西，尽管例子有点奇怪，但它们都说明了我刚才所讲的，表象所释放的效果都要有古代的特性，那么才是有说服力的。也就是说，在我们的存在中，它必须是纯然真实的。我们知道没有任何方法能够强迫这些事件的发生，但世界充满有利于产生能够接触到直接真理的精神状态的方法。在这些方法中，瑜伽是最显著的例子。瑜伽的种类有很多，都需要呼吸、练习、禁食等，昆达里尼瑜伽便是其中一种，[19]它是一种性的训练，在某种程度上带有淫秽的特点。性被包含在内，是因为它是一种本能的状态，容易诱发这些直接经验出现的状态。所有这些瑜伽方法以及与之类似的修炼，都会带来这种理想的状态，但前提是上帝愿意。换句话说，还有另外一种要素是必要的，但我们并不知道它的本质。所有这些原始的修炼都可以被理解为人努力使自己接收来自自然的启示的尝试。

---

18 见荣格为铃木大拙的《禅宗导论》(*Introduction to Zen Buddhism*)所写的序言(1939，CW 11)，par.882，这个轶事在这里的叙述方式发生了变化。*2012*：1954年，荣格在心理学俱乐部的讲座中讨论到斯韦登伯格的时候评论过这一段情节(阿尼拉·亚菲的注释，Jaffé Collection，Swiss Federal Institute of Technology)。

19 这是荣格有记录的作品中第一次提到昆达里尼瑜伽。1932年秋，荣格和德国的印度学者J.W.豪尔就这一主题做了一系列的讲座，大部分是在英格兰进行的。*2012*：见Shamdasani，ed.，*The Psychology of Kundalini Yoga: Notes of the Seminar Given in 1932 by Jung* (Princeton，NJ：Princeton University Press，1996)。

问题与讨论

荣格医生：

上次讲座还有些遗留问题，可我这次忘记带来了。我想大家可以直接提问，科勒女士，我记得你有疑问。

科勒女士： 我想了解更多关于祖先意象的内容，以及它是如何影响个体生命的。

荣格医生： 我想我还没有足够的经验来阐明这一问题。我对这一主题的想法完全是试探性的，但我可以举一个我认为这个东西如何起作用的例子。假设一个人一直沿着正常的发展过程生活了大约40年，接着他进入了一个唤醒了祖先情结的情境，这个情结之所以会被唤醒，是因为个体通过这种祖先的态度最能够适应这种情境。我们假设这位我们正在讨论的想象的正常男性处于一个他拥有很大权力但需要负责的位置，他自己不是当领导的料，但他的遗传单元中存在这样一个领导人物，或有这个可能性。这个单元将他占据，从那时候起，他就有了一个不同的性格。上帝知道他成了什么，而他真的像是失去了自我，祖先的单元取代并吞噬了他。他的朋友不明白他身上发生了什么，但他在那里，和之前的他完全不一样。他可能甚至

都没有经历内心冲突，尽管内心冲突经常发生；似乎那个祖先意象太具有生命力了，以至于自我在它面前退缩并受其支配。

科勒女士：但如果他是为了填补这个职位而需要这个意象，他如何与自己和平相处，同时为了避免冲突而征服意象？

荣格医生：嗯，一般唯一能做的是通过分析治疗尝试调和这些意象和自我的关系。如果这个人比较弱，那么意象便会获得掌控。我们可以一次又一次看到女孩结婚后会出现这样的状况。在结婚之前她们可能是完全正常的女孩，接着她们感觉到自己被要求去扮演某个角色，女孩就不再是自己了。这通常会导致神经症。我想到一位妈妈带着四个孩子的案例，她抱怨说自己的生命中没有任何重要的经历。“那么你的四个孩子呢？”我问她。“哦，”她说，“他们只是个偶然。”我们几乎可以说是她的祖母而非她自己生了这些孩子，而且事实上，她抛弃了他们。

还有其他问题吗？曼博士？

曼博士：我提交了一个问题，我认为可能会在以后的讲座中得到回答，我想知道，你能否试着追溯一个非理性类型从优势功能到劣势功能的过程，就像你通过自己的经验为我们追溯了一个理性类型那样？

荣格医生：以一个辅助功能是思维的直觉类型为例，假设他的直觉已经发展到最高水平，并已经受挫。就像你们所知道的，直觉型的人总是追随新的可能性。我们假设，最后他陷入一个洞中不能走出来。没有比这更令他害怕的事情了，他憎恨永久的依附和禁锢，但最后陷入这个洞中，他的直觉不能找到方法让他出来。有条河流过，火车在铁轨上驶过，而他只能停留在那里，被困着。那么他可能会开始思考能做什么。当他开始使用自己的理智功能的时候，他很有可能和自己的情感产生冲突，因为他通过思维会找到走出困境的不诚实的道路，比如撒谎和欺骗，而他的情感不能接受这些。那么他必须在自己的情感和理智之间做出选择，他在做选择的时候会意识到两者之间的巨大差距。他可能会通过发现一个新的领域而走出冲突，这个新领域也就是感觉，此后现实第一次对他有了新的意义。对于一个还未使用过感觉的直觉类型的人而言，感觉的世界非常像月球上的景象，也就是说，空洞又死寂。他认为感觉类型的人一生都和尸体生活在一起，但一旦他开始使用自己的劣势功能，那么他将开始享受事物本身，而非通过自己投射的氛围去看待它。

人的直觉的过度发展会导致他们轻视客观的现实，并最终陷入像我在上文所描述的那种冲突中，他们通常会有典型的梦。我曾经有过一个患者，她是一位小女孩，拥有十分突出的直觉力量，她的状况非常极端，甚至感觉到自己的身体都不是真实的。我曾经半开玩笑地问她是否从未注意过自己还有个身体，她很认真地回答说没有注意过，她甚至裹着床单洗澡！当她来我这里接受分析的时候，她甚至连自己走路时候的脚步声都听不到，就好像她只是在世界中漂浮。她的第一个梦是她正坐在一个气球上，而不是气球内，你相信吗，是在气球顶部，高高地在天空中，她在俯身朝我看。我端着一杆枪，并朝气球射击，最终使其落了下来。在她来到我这里之前，她一直生活在一座房子里，对那里迷人的女孩子们印象深刻。那是一家妓院，她没意识到这个事实。这个冲击导致她开始接受分析。

我不能直接通过感觉来为这种患者带去现实感。对直觉类型的人而言，事实只是气体；那么，由于思维是她辅助的功能，我开始用非常简单的方式和她辩论，直到她开始愿意将她从自己所投射的氛围中剥离。假设我对她说："这里有一只绿色的猴子。"她立即会回应道："不，它是红色的。"接着我说："有1000个人说这只猴子是绿色的，而你却说是红色的，它只是你个人的想象。"下一步是使她的情感和思维之间产生冲突。直觉型的人对待自己的情感和她对待自己的思想的方式一致；也就是说，如果她对一个人的直觉是消极的，那么这个人的所有方面似乎都是邪恶的，他的真实情况已经不再重要。但这样的患者会逐渐开始探询客体到底是什么，会有去直接体验客体的欲望。然后她便能够为感觉赋予正当的价值，她不再从一个角落中去看客体，也就是说，她已经准备好牺牲自己用直觉去征服的强烈欲望。

对于感觉类型的人而言，我所讲到的关于直觉型的心理运作毫无疑问是没有意义的，这两种类型的人看待现实的方式是完全不同的。我有一位患者，大约在接受 6 个月的分析后，她突然震惊地发现我并没有蓝色的大眼睛。另外一位患者很早便熟悉了我刷成绿色的书房，但她问我为什么把从她来的时候看到的橡木嵌板换成这个颜色，我费了很大力气才使她认识到是她在想象中用橡木装饰了房间。

当所有的优势功能被迫发展到自己的极限的时候，歪曲现实便成为它们共同的特点。它们变得越纯粹，它们越会尝试强迫现实进入一种图式。世界上存在四种功能，或许还有更多，如果我们无视一种或更多的功能，是不可能和世界保持联系的。

科瑞小姐的问题：“你能解释一下对立的两极之间矛盾的关系吗？”

荣格医生：如果你要理解对立两极，你几乎可以假设它们是战争中的双方，这是一个二元的概念。而矛盾是一个一元的概念；在这里，对立并不以分裂的部分出现。例如，一个人有好的一面和坏的一面，这样一个人是矛盾的。当我们说他很弱的时候，指的是他在上帝和魔鬼之间摇摆不定，上帝是至善，魔鬼是至恶；他像一个原子一样在两者之间摇摆，但你永远不会知道他要做什么；他的性格从未确立，一直处于矛盾中。假设有一个儿子，处在冲突的父母中间，这与他的性格无关，他是对立的受害者；因此他可以无限期地留在这里。我们需要使用“意象”来应对这种情境。这样的人无法取得进步，直到他意识到将自己作为父母这一对立两极间的受害者只是事情的一半。他必须认识到他携带着两者的意象，内心中有冲突在进行，换句话说，他是矛盾的。直到他意识到这一点，他才能够使用真实的父母或他们的意象作为武器，在面对生活的时候来保护自己。如果他承认冲突的双方是自己的一部分，他便为他们呈现的问题负起责任了。同样，我认为将发生在我们身上的事情归因于战争是没有意义的，我们每个人都带有战争的元素。

那么，矛盾和对立的两极之间的关系是一个主观的立场。

罗伯逊先生：如果力比多永远是分裂的，那么是什么给出向单一方向发展的推动力？

荣格医生：推力的问题并不存在，因为力比多、能量，被假定是运动的。“正反意向并存”是一种对能量的矛盾本质的一种说法。没有对立就没有潜力，因此我们会有正反意向并存。所以，能量的实质是能量的消散，也就是说，我们无法观察能量，除了观察它朝某个方向运动。一个机械的过程理论上是可逆的，但在自然界中，能量永远朝一个方向运动，也就是说，从高到低。因此力比多中的能量也有方向，可以说任何功能都是有目的性的。当然，生物学中已经存在的反对这一立场的著名偏见混淆了目的论与目的。目的论认为一切事物都倾向一个目的，但如果没有一个引导我们朝向确定目标的心理作为前提，这一目的是不存在的，是一个站不住脚的立场，然而过程能够在没有预想目标的情况下显示出目的性的特点。神经系统的本质是目的性的，因为它像中央电报局一样协调身体的所有部分。所有适当的神经反射都被集中到大脑。我们再回到正反意向并存这一点，能量本身并未分裂，它是未分裂的对立两极，也就是说，它呈现的是一个悖论。

罗伯逊先生：我不是很清楚你如何区分目的论和目的。

荣格医生：一项活动可以有目的性的特点而没有预定的目标。如你们所知，伯格森对这一点有充分的论述。我完全可以朝一个方向走，但心中没有最终的目标。我可以朝一个点走去，但不知道在朝它走。我将之称为定向，但不是为了一个目标。我们说本能是盲目的，但本能也有目的性的。它只有在某种情境中才能恰当地起作用，一旦它与环境脱节，它会威胁到物种的生存。原始人的古老战争本能如果用于现代国家，就会发明毒气攻击等手段，这些都是自杀性的。

罗伯逊交上来的问题：“你讲了两种心理类型持有的观点，内倾者看的是瀑布的顶部和底部，而外倾者看的是中间的水。

“但在你论述以上观点的时候看的不也是‘顶部和底部’吗？所以你阐述的是你如何看待对立转化的倾向（内倾的）的。或者你认定这一特定概念具有一些客观有效性吗？”

荣格医生：看顶部和底部肯定是内倾的态度，但这只是内倾者所处的位置。他自己和客体之间有距离，因此对类型比较敏感，他能够做出分离和区分。他不需要太多的事实和想法。外倾者总是需要事实，更多的事实。他通常会有一个大想法，你可以说是非常庞大的想法，这想法代表所有事实的统一体，但内倾者要把这种庞大的想法分裂。

关于客观的有效性，我们会说由于如此多的人看到对立的转化，那么它肯定是有道理的，由于如此多的人看到持续的发展，因此那也是有道理的，但严格地说，这样并不能肯定客观的真实性，这只是主观的。当然这一点并不十分令人满意，内倾者总是有一种倾向，即在私下说他的观点是唯一正确的观点，同时又是主观的。

德·安古洛博士：我看不到内倾和能够看到对立转化现象之间有逻辑关系。肯定有数以万计的外倾者会这么想。

荣格医生：不存在逻辑的关系，但我观察到这是两种态度之间的气质差异。内倾的人想看小的东西长大，大的东西变小。外倾者喜欢大的东西，他们不喜欢看到好的东西变坏，只想更好。外倾者不愿去想他体内有一个地狱般的对立面。此外，内倾者能够很容易接受对立转化，因为这个概念会剥夺客体中的许多力量，而外倾者不想减小客体的重要性，反而愿意赋予它力量。

奥德里奇先生：荣格医生，我认为你刚才所讲的内容和你在《心理类型》中所说的“外倾的唯名论者离散地把握事实，而内倾的实在论者一直通过抽象寻求统一”之间是矛盾的。[1]

荣格医生：不，这里并不矛盾。尽管唯名论者强调离散的事实，但他们通过想象出一种将离散的事实全部包含其中的永恒存在，从而创造出一种补偿性统一体。实在论者不那么想获得统一的思想，而是想要从事实中形成抽象观念。歌德的“原始植物”(Urpflanze)[2]的思想就是一个过度概括的例子，这就是我所讲的外倾者倾向于形成“伟大思想”的倾向。与之相比，阿加西[3]提出动物来自不同类型的概念，比歌德的概念更加符合内倾者的特点。在柏拉图的关于生命的思想中，总是存在一定数量的原始意象，而且有很多，并非只有一个，由此可以看出，内倾者有多神论的倾向。

奥德里奇先生：但柏拉图不是把世界的起源归于神的精神吗?

荣格医生：是的，确实如此，但柏拉图最感兴趣的并非这个概念，而是形象的概念，或者说是原始的抽象思想。[4]

讲 座

我在上次的讲座中[5]谈到杀死英雄的梦和关于以利亚与莎乐美的幻想。

由于杀死英雄并非一个无关紧要的事实，我们需要为此承担典型的后果。消解一个意象意味着你会成为那个意象，抛弃上帝的概念意味着你会成为上帝。正是因为如果你消解一个意象，这总是一种有意识的行为，那么投注到意象中的力比多就会回到无意识中。意象越强，你在无意识中就陷得越深，因此如果你在意识中放弃英雄，你便会被迫进入无意识中的英雄角色。

---

1 见 CW 6, pars. 40ff。

2 见 Goethe，*Versuch die Metamorphose der Pflanzen zu erklären* (1790)。

3 路易斯·阿加西，瑞士裔美籍科学家，他提出了“多元创造”(multiple creation) 理论。

4 见 *Timaeus* 37d。

5 实际上是第 8 讲。

我想到一个与此有关的个案。这是一位男性，他能够对自己的境况做出非常好的分析。在他成长的过程中，他的母亲一遍又一遍地告诉他，有一天他会成为人类的救世主，尽管他并不是很相信，但这依然以某种方式影响着他，他开始学习，最终进入大学。后来他崩溃了，回到了家中。但救世主不需要学习化学，而且救世主总是被误解，因此沉浸在他的母亲和自己的幻想带来的思想中，他使自己意识的一面迅速衰退。他一直满足于在一家保险公司上班，做一份跟贴邮票差不多的工作。他一直扮演被人轻视的角色。最后，他找我寻求帮助。当我在对他进行分析时候，我发现了这个救世主的幻想。他仅在理智上去理解它，但这个幻想对他施加的情绪控制依然没有改变，尽管他有很多思考，但他一直满足于成为一个不被认可的救世主。

似乎尽管分析能够充分地唤醒他，但即使如此，他也没有意识到问题的重要性。他觉得生活在这样的一个奇怪幻想中是非常有趣的，后来他开始在工作中表现得更加优秀，后来他向一家大工厂申请担任管理职位，并取得成功。至此，他完全崩溃了。他不能看到自己没有意识到自己幻想中的情绪价值，正是这些未被认识的情绪价值使他申请了一个自己完全不能胜任的位置。他的幻想只是权力幻想，成为救世主的欲望来自权力动机。因此我们能够意识到这样一个幻想系统，却依然让其一直留在无意识中活动。

因此，杀死英雄意味着我们被塑造成英雄，或必须出现英雄般的人物。

除以利亚和莎乐美之外，我开始描述的幻想中还有第三个元素，那就是他们之间黑色的蛇。[6]蛇象征英雄的对应部分，神话中充满了这种英雄与蛇之间关系的故事。[7]在一个北方的神话中，英雄有蛇的眼睛，很多神话中都

---

6 *2012*：荣格在《红书》中写道，“我发现，蛇是以利亚和莎乐美之外的第三个原则。尽管它与前两个原则有关，但与前两个原则相异。蛇教我知道自己身上的前两种原则之间在本质上的绝对差异。如果我从先觉遥看快乐，首先映入眼帘的就是具有威慑性的毒蛇。同样，如果我从快乐感受到先觉，我首先感受到的是冰冷残酷的毒蛇。蛇是人最核心的本质，而人却没有意识到。蛇的特征根据人和地的不同而变化，这是因为神秘从带来滋养的大地母亲流到他那里”。

7 见 *MDR*, p. 182/174, 和 CW 5, index, s.vv.，英雄、蛇，大部分出自 *Wandlungen und Symbole*。

有英雄被以蛇的形象崇拜，在去世后转化成蛇。这应该是一种原始的思想，即第一个从坟墓中爬出的动物是墓中主人的灵魂。

蛇的出现表示这个幻想将再次成为英雄神话。关于这两位人物的意义，莎乐美是阿尼玛形象，她是盲目的，因为她尽管连接意识与无意识，但看不到无意识的运作。以利亚是认知元素的人格化，而莎乐美是爱欲元素的人格化（见图 11-1）。以利亚是富有智慧的老先知。[8] 我们可以说这两个人物分别指的是逻各斯（Logos）和爱洛斯（Eros）的人格化。这对知识的游戏来说很实用，但由于逻各斯和爱洛斯都是纯粹推测出的概念，没有任何科学性，而是非理性的，我们最好将这些人物保持原样，也就是说视之为事件、体验。

关于蛇，它进一步的意义是什么呢？[9]

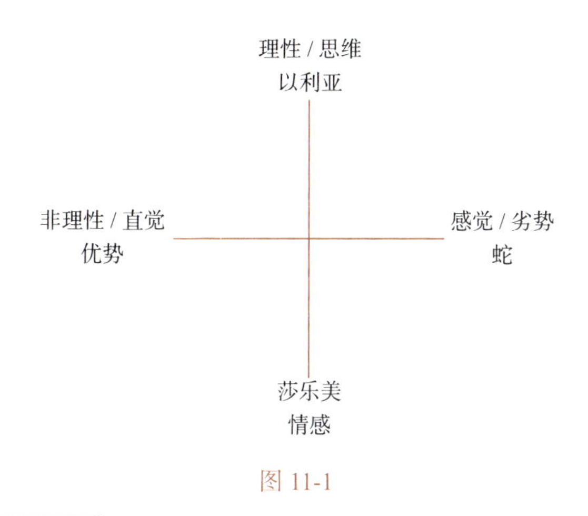

图 11-1

8 *2012*：在《红书》的第二层中，荣格分别将以利亚和莎乐美诠释为先觉和快乐，“我深度的力量就是宿命和快乐。宿命或先觉就是普罗米修斯，而普罗米修斯没有确定的思想，却能使混乱成形和明确，它能够挖出通道，并在快乐之前抓住目标。先觉也在思想之前。但快乐就是驱力，虽然不具形式且不明确，但却非常渴望又摧毁形式。快乐喜欢的是自己拥有的形式，并摧毁自己无法拥有的形式。先觉者就是先知，但快乐是盲目的。快乐无法预见事物的发生，但十分渴望自己碰触到的东西。先觉本身并不具备能量，因此无法移动。但快乐就是能量，自己能够移动”。在之后可能是在 20 世纪 20 年代所写的评论中，荣格对这段情节进行评论并写道，“这种轮廓是一种意象，经常反复出现在人类精神中。老人象征精神原则，可以被描述为逻各斯，少女象征非精神的原则，即情感，可以称为爱洛斯”。

9 见第 12 讲。

问题与讨论

沃德博士的问题：“你将能量比作瀑布从高向低流。那你怎么解释能量被提升到积雨云的这个相反过程呢？在这种情况中，积雨云是较低的水平吗？你似乎是将自己的水平概念转化成了热能的概念。我们不需要考虑在心理能量中转化成多种表现模式的可转化性吗？这不是神经症问题的关键吗？如果心理能量足够自由或足够具有流动性，从而很容易转化，那么神经症将不会出现，但这就涉及伦理问题，即方向的选择。你能讲一讲这个问题吗？”

荣格医生：将水从海中升起需要新的能量。当水上升的时候，总需要额外的能量源；换句话说，是太阳的能量将它升起。上升到云中的水会再次落下来。在集体无意识中，我们释放额外的能量源来提升我们的水平。自古以来，在集体无意识中一直存在着古老的“固体”形式的能量，但它是额外的能量，类似于煤矿中发现的能量；像矿藏中的能量一样，它们等待被消耗。如果我们不能成功地释放原子能[1]、潮汐能或风能，欧洲的人口会下降。如果我们将集体无意识释放殆尽，那么我们就会到达分

1　原文如此（1925）。裂变的过程在 1938 年被发现。

化的临界点。原型是能量源。如果那些对生活没有想法的人抓住一种原型思想，比如宗教思想，那么他们会变得有能力。将一个想法注入小人物的头脑中，他们就会变得强大又非常有能力。

我们倾向于认为，有道德思想，我们就可以引导自己的生活，但这些东西抓不住；如果它们起作用，我们很早以前就很好了。道德的观点碰触不到集体无意识。在意志力的世界中，我们有选择，但在此之外，我们完全没有选择。

讲　座

黑色的蛇象征内倾的力比多。莎乐美是阿尼玛，以利亚是智慧老人。莎乐美是直觉，但相当盲目，需要有以利亚拥有预见性的智慧之眼。先知的形象是对盲目的阿尼玛的补偿。[2]

由于我属于内倾理智的类型，我的阿尼玛包含了相当盲目的情感。在我身上，阿尼玛不仅包含莎乐美，还有蛇的一部分，它也是感觉型的。你们记得，真实的莎乐美和她的继父希律王有乱伦关系，正是因为后者对她的爱使她能够取下施洗约翰的头颅。[3]

在这个幻象出现之前，我已经阅读了很多的神话，所有这些阅读的材料都进入了这些形象之中。这位老人是一位典型的形象。我们到处都能遇到他；他以各式各样的形式出现，通常还与一位年轻的女孩同行。（见 Rider

2 见 *MDR*, p. 182/174。

3 见 Matthew 14:6ff. and Mark 6:22ff.，但两处都没有提到女性的名字。弗拉维奥·约瑟夫斯在《犹太古事记》（*Antiquities of the Jews*）的第 5 章、第 XVIII 页中指出她是莎乐美。荣格的图书馆中藏有约瑟夫斯作品的 1735 年版本（德文），书上的签名是“荣格医生”，可能指的是荣格的父亲或祖父。荣格在 1889 年的时候粘上了自己的藏书票，那时他 14 岁（与洛伦兹·荣格的私人交流）。

Haggard: *Wisdom's Daughter*。)[4]

情感－感觉和意识的理智与直觉对立，但平衡是不够的。你之所以有阿尼玛是因为分化的功能在意识中的主导，无意识通过自身内部的另一个形象来补偿阿尼玛形象，以此得到平衡。这个形象是老人以利亚。这就像你有一个刻度，一面是意识中的刻度，另一面是无意识的，这是我最初的假设之一。而弗洛伊德认为，无意识总是向意识倾泻令人难以接受的材料，而意识难以应对这些材料，从而压抑它们，平衡并不存在。

那时候，我发现了一个补偿原则，这种原则似乎在意识和无意识之间显示出一种平衡；但我后来发现无意识本身也在达成平衡。这是肯定和否定。无意识并非完全与意识相对，它与意识的不同之处在于它的非理性。我们不能从意识演绎出无意识。无意识自身也会去平衡，就像意识一样。当我们遇到像莎乐美一样的夸张形象时，我们在无意识中会有一个补偿性的形象。如果只有莎乐美这样一个邪恶的形象，意识就需要建立屏障以控制这个形象，即形成一种夸大的、狂热的道德态度。但我没有这种夸大的道德态度，因此我认为以利亚补偿了莎乐美。当以利亚告诉我他总是和莎乐美在一起的时候，我觉得他这么说几乎是在亵渎上帝，我有一种跳入残酷又充满鲜血的氛围中的感觉。

莎乐美就处在这种氛围中，听到以利亚说莎乐美一直陪着他，我感到无比震惊。以利亚和莎乐美之所以在一起是因为他们是对立的两极。以利亚是男性无意识中的重要形象，而非女性的。他有很高的威望，是一个有着较低阈限和杰出直觉能力的人。在更高的社会层次上，他是智者，类似于老子。他有碰触到原型的能力，他被超自然力量围绕着，能够唤醒他人，因为他能碰触到原型。他非常有吸引力，能够带来强烈的兴奋。他是智者、巫师和有超自然力量的人。

4 伦敦，1923。见“Mind and Earth”(1927; CW 10), par. 75。

在后来的演化中，这位智者变成精神的意象，成为神、“山上来的老人”(类似于从山上来的立法者摩西)、部落的巫师。他是立法者。甚至基督都与摩西相伴，而以利亚就是他的变形。过去所有的立法者和大师，例如神智学说的圣人，都被神智学者视为尚存的精神要素。[5]在诺斯替教的历史中，这样的形象起到巨大的作用，每一个宗派据说都是由一个这样的人物创立的。基督并不完全符合这个形象；他太年轻，不足以成为圣人。伟人必须有另外一个角色。施洗约翰是伟大的智者、导师和教导者，但他已经被削弱了。同样的原型再次在歌德的作品中以浮士德的形象出现，在尼采的作品中则是查拉图斯特拉，而查拉图斯特拉是以探访的方式到来的。尼采突然领会了伟大智者的形象。这对一个人的心理起到了非常重要的作用，就像我所讲的，但很不幸的是并没有阿尼玛所起的作用重要。

蛇是动物，但是魔法的动物。很少有人与蛇的关系是中性的。当你想到蛇的时候，你总会激活种族的本能。马和猴子都怕蛇，人类也是如此。在原始的国家中，你会很容易理解人类为什么会获得这个本能。贝都因人害怕蝎子，会带上护身符保护自己，特别是从某些罗马的遗迹中获得的石头制成的护身符。因此，无论蛇在什么时候出现，你肯定会想起原始的恐惧感。黑色与这种感觉以及蛇在地下潜伏的特点相符。它是隐藏的，因此很危险。作为动物，它象征无意识；它是本能的运动或倾向；它引领通往隐藏的宝藏之路，或者它保卫着宝藏。龙是蛇的神话形式。蛇能通过恐惧带来很大的吸引力和特有的诱惑力。有些人执迷于这种恐惧。那些令人害怕或危险的东西都有非凡的吸引力，例如，被蛇催眠的鸟体验到的便是恐惧和诱惑的结合，因为鸟通过振翅与蛇战斗，然后被蛇吸引和控制了。蛇引领通往隐藏事物的道路，并表达了内倾的力比多，这会带领人超越安全的临界点，超越意识的界限，

---

5 圣人或大师被视为生活在西藏的创立神智学的精神导师。其他伟大宗教的导师也被称为大师。(见 B. F. Campbell, *Ancient Wisdom Revived: A History of the Theosophical Movement* (Berkeley, 1980), pp. 53-54。关于荣格对神智学的批判，见 *Types* (CW 6), par. 594, and *Dream Analysis*, pp. 56, 60。

就像深深的火山口所呈现的意义。

蛇也是阴，是黑暗的女性力量。中国人不会使用蛇（如龙）作为阴的象征，而是阳的象征。在中国（的传统中），阴的象征是虎，阳的象征是龙。

很明显，由蛇带领的心理运动会误入阴影、死亡和错误意象的王国，但是也会来到大地上，变得具体化。它以阴的形式，使事物变得真实，使它们得以存在。由于蛇会引领你进入阴影，所以它有阿尼玛的功能，它会带你进入深度，它连接着上和下。[6] 神话中也有类似的元素。有些黑人将灵魂称为“我的蛇”，他们说，“我的蛇对我说”，意思是“我有个想法”。因此蛇也是智慧的象征，讲出智慧的深度话语。它相当阴暗，由地下长出，就像大地之女爱尔达（Erda）。逝世的英雄在阴间转化为蛇。

在神话中，太阳鸟吞食自己，并进入大地，然后再次上升。西门达鸟（The Semenda Bird）[7] 像凤凰一样为了重获新生而将自己烧掉。蛇从灰烬中诞生，而蛇又变成鸟。蛇是从天堂降生，又变回鸟的过渡状态。蛇缠绕在拉神（Ra）的船上。在夜航中，拉必须在第七个小时与蛇搏斗。拉受到祭司的仪式的支持：如果他能杀掉蛇，那么太阳就会升起，而如果他没有成功，太阳将不再升起。

蛇是进入深度的倾向的人格化，也是使自己进入充满诱惑的阴影世界的倾向的人格化。

我已经与老人展开了有趣的交谈；但出乎所有人的意料，老人对我的思

---

6 *2012*：在《黑书 6》中，荣格的灵魂在 1916 年 1 月 16 日向他解释道，“如果我没有通过上下的结合而结合自己，我会分裂成三个部分，蛇——自我会以这个或其他动物的形式漫无目的地行走，像魔鬼般地生活在自然中，激发恐惧和渴望；人类的灵魂——永远活在你体内；天空的灵魂——与诸神居住在一起，远离你，你对其一无所知，以鸟的形式出现。三个部分相互独立”（引自 *Liber Novus*，p. 367）。大约在同一时期，荣格写道，“接着我的灵魂将自己分开。像鸟一样的它飞向较高的神，像蛇一样的它爬向较低的神”（同上，p.358）。

7 见“Concerning Mandala Symbolism”(1950; CW 9 i)，par. 685。

维方式持相当批判的态度。他说我对自己思想的态度好像是我制造出它们一样，但根据他的观点，思想就像森林中的动物或房间中的人，或空中的鸟。他说："如果你在房间中看到人，你不会说是你制造出这些人的，或者你对他们负责。"[8] 这时候我才学到了心理的客观性，这时候我才能对病人说，"安静，有些事情正在发生。"它们就像房屋中的老鼠。当你有这样的思想时，你不能说自己是错的。为了理解无意识，我们需要将我们的思想视为事件、现象。我们必须保持完全的客观。

几个夜晚之后，我感到事情应该继续下去；因此我尝试进行相同的程序，但并未下沉，我一直停留在表面上。[9] 接着我意识到我心里对向下怀有冲突，但我不能理解这是为什么，我只是感觉到两种黑暗的原则在斗争，那是两条蛇。山脊出现在幻象中，那是个悬崖峭壁，一侧是阳光灿烂的沙漠，另一侧是黑暗。我在有光的一侧看到一条白蛇，在黑暗的一侧看到一条黑蛇。它们在狭窄的山脊上开始战斗，可怕的冲突出现了。最后黑蛇的头变白，战败而撤退。我想："我们能够继续了。"接着老人出现在崇峻的山脊上。我们向上走了很远的路，来到一堵巨大的石墙边，岩石被堆成环形。我想："啊，这是德鲁伊的圣地。"我们从洞口进入，发现自己处在一个空旷的地方，里面有一座堆起的德鲁伊祭坛。老人爬到祭坛上，他立即变得很小，祭坛也变小了，而墙越来越大。接着我看到墙边有一座小屋，还有一个很小很小的女士，像玩偶一样，原来她是莎乐美。我还看到了那条蛇，但它也非常小。墙一直在变大，接着我意识到自己是在阴间，墙是火山口的岩壁，这

---

8 *2012*：荣格所写的对话如下文所示。我："这种思想离我过于遥远，我一直在避开遥不可及的想法。它们很危险，这是因为我是一个人，而且你也知道人是多么擅长将思想视为己出，以至于最终将自己和思想混淆在一起。" / 以："你会因为自己看着一棵树或一只动物，因为你与它们在同一个世界上，而将自己和它们混淆在一起吗？难道你生活在自己思想的世界中，就一定会成为自己的思想吗？你的思想不过就像是你身外世界的树木和动物，它们都是你的身外之物。" / 我："我明白，对我而言，我的思想更多的是文字内容，而非世界本身，我对自己的思想世界的想法是：它就是我。"以："你指的是你们人类世界和你的一切身外之物说：你就是我吗？"（*Liber Novus*，p. 249）。

9 *2012*：见 *Liber Novus*，pp. 251f。

间小屋是莎乐美和以利亚的房屋。在这段时间中，我没有变大，而是保持原状。随着墙的变大，莎乐美和以利亚也变大了一点儿。我感觉自己是在世界的底部，以利亚笑着说："怎么了，一切都是一样的，无论是上还是下。"

接着发生了一件最令人不快的事情。莎乐美对我产生了极大的兴趣，她觉得我能够治疗好她的失明。她开始崇拜我。我说："你为什么崇拜我？"她回答说："你是基督。"尽管我予以否认，但她坚持这一点。我说："这太疯狂了。"我的心中充满批判性的阻抗。接着我看到蛇朝我爬来，当它靠近的时候，开始环绕我，并将我缠住，一直缠到我的心脏部位。我意识到自己在挣扎，并且保持着被钉在十字架上的姿态。在极大的痛苦和挣扎中，我大汗淋漓，汗水从我身上各个部位流下来。然后莎乐美站起来，她的双眼恢复光明了。当蛇压着我的时候，我感觉到自己的脸变成了一头猎物捕食者的脸，像一头狮子或老虎。[10]

对这些梦的诠释如下：首先是两条蛇的战斗——白色象征向白天的运动，黑色象征朝向黑暗，还有道德一面。我身上存在着真正的冲突，也就是拒绝向下。我更强的倾向是向上。由于我对昨天在这里看到的残酷斗争印象非常深刻，我确实倾向于找到一条上升到意识的道路，就像我在山上所做的那样。山是太阳的王国，环形的墙是人们在太阳下聚集的地方。

---

10 *2012*：荣格所写的这段情节是，在十字架的底部，黑蛇盘成一团，受伤的它盘在我的脚上，它迅速将我缠住，我张开自己的双臂。莎乐美更近了。受伤的蛇将我整个身体缠住，而我的脸是狮子的面孔。/ 莎乐美："玛利亚是基督的母亲，你明白吗？"/ 我："我看到一股可怕且无法理解的力量在强迫我模仿最后时刻饱受折磨的主，但我怎么能够冒昧地把玛利亚称为母亲呢？"/ 莎："你就是基督。"/ 我张开双臂站在那里，就像被钉在十字架上一样，我的身体被那条蛇紧紧地缠着："莎乐美，你说我是基督？"/ 这就像我独自一人站在高山上，张开僵硬的双臂。蛇用可怕的身体缠绕着我，血液从我的身体里流出来，一直流到山脚下。莎乐美在我面前俯下身，用她乌黑的头发包裹着我的脚，她一直趴在那里很长时间。接着，她大呼："我看到光了！"是的，她在看，她的双眼是睁开着的。蛇从我身上滑落下来，疲倦地躺在地面上。我从它身上跨过去，跪在先知脚下，先知像火一样散发出光芒。（*Liber Novus*，p.252）

以利亚说过在上方和在下方都是一样的。这与但丁的“地狱”相似。[11]诺斯替教也使用倒转的圆锥体表现相同的思想。因此山和火山口是一样的。这些幻想中没有任何意识的结构，它们只是发生的事情。因此我认为但丁也从相同的原型中获得了他的思想。我经常在我的病人那里看到这些思想，即高和低的圆锥，上方的事物和下方的事物。

莎乐美的想法和她对我的崇拜很明显是被邪恶氛围笼罩着的劣势功能，我感觉她的谄媚是最邪恶的咒语。被认定为精神失常的恐惧将侵袭一个人。这就是疯狂是如何开始的，这就是疯狂。例如，在一部俄国的著作中，有个故事讲到有个人害怕自己会发疯。[12]他夜里躺在床上，看到房间的中央有一块明亮的方形月光。他对自己说：“如果我像狗一样坐在那里号叫，那么我会发疯，而我什么都没有做，因此我没有疯。”接着他试图打消这个念头，但他过了一会儿，对自己说：“我可能要坐在那里像狗一样号叫，知道它的后果，并选择它，但我依然知道自己没有疯。”他又想摆脱了这个想法，但最终他不再能对抗这个想法，他便放弃了，他站了起来，坐在月光中，像狗一样号叫，后来他疯了。

在你没有把自己交给无意识的情况下，你无法在意识层面认识它们。如果你能克服无意识的恐惧，并且下降到无意识中，那么这些无意识的事实将获得自己的生命。你会被这些思想控制，从而真的发疯，或者是几乎发疯。这些意象拥有足够多的现实性从而能够推动自己，又有突出的意义能够控制人们。这样的人形成了古代密教的一部分；事实上，正是这样的人物造就古代的密教。例如阿普列尤斯所讲的伊西斯密教，[13]有着加入仪式和对加入仪式的神化。

---

11 这里指的是但丁的地狱的圆锥形状概念，用圆形和球形倒映天堂的形状。

12 与之相关的故事都无法在任何俄国作家的作品中找到，尽管相关的斯拉夫学者一致认为这可能是对一个由列昂尼德·安德列耶夫创作的故事《哨子》(*The Whistle*) 的错误回忆。

13 Lucius Apuleius, *The Golden Ass, XI. Cf. Symbols of Transformation* (CW 5), par. 102, n. 51; *Psychology of the Unconscious* (1916), p. 496, n. 30.

密教有令人敬畏的氛围，特别是神化的密教。这是密教最重要的功能之一：它为个体赋予永生的价值，它为永生赋予确定性。人们通过这种加入仪式获得一种特定的感觉。将我引向神化的那个重要部分是蛇对我的缠绕，而莎乐美的表现是神化。我感觉到自己转化成的动物面孔是著名的密特拉密教中的（上帝）狮头兽，[14] 这是一个被蛇缠绕着的人物形象，蛇头贴在人的头上，人的面相是头狮子。这座雕像只在密教的洞穴中被发现（教堂之下，地下墓穴最后的遗迹）。地下墓穴并非最初的隐藏之地，而是被选为进入阴间的象征。这也是早期观念的一部分，这些观念认为圣人必须和殉道者埋葬在一起，从而在升天之前进入地下。狄奥尼索斯密教也有类似的观点。

地下墓穴腐败之后，教堂的思想在继续。密特拉宗教还有一个地下的教堂，只有新入教者在地下的仪式中提供帮助。为了能够让上方的普通人在教堂中听到下方教堂中新入教者所说的话，他们会在地下部分的墙上凿洞。下方的教堂中配有两两相对的房间或隔间。仪式会使用钟，面包上刻有十字。我们知道他们举行圣餐礼时，会吃面包、饮水，但不喝酒。密特拉教的祭仪是严格禁欲的，不允许女性加入。几乎可以肯定的是，神化的象征仪式在这些密教中起到了一定的作用。

被蛇缠绕着的狮首神被称为移涌（Aion)，或者永恒之神。他源于波斯的神策万纳卡拉那（Zrwanakarana)，[15] 这个名字的意思是“无限长的时间绵延”。密特拉祭仪中另外一个非常有趣的象征是有火焰在燃烧的双耳瓶，狮子和蛇分立瓶的两侧，都想得到火。[16] 狮子年轻、火热，干燥得像七月正午的太阳光。蛇是潮湿、黑暗、大地和冬天。它们是试图以彼此调和的象征而尝试结合在

---

14 见 CW 5, par. 425, and pl. XLIV; *Psychology of the Unconscious*, pp. 313f。*2012*：理查德·诺尔对这一段情节的评论出现在 “Jung the *Leontocephalus,*” *Spring: A Journal of Archetype and Culture* 53 (1994): pp. 12–60。关于诺尔的作品，见 Shamdasani, *Cult Fictions: Jung and the Founding of Analytical Psychology* (London: Routledge, 1998)。

15 见 CW 5, par. 425, and pl. XLIV; *Psychology of the Unconscious*, pp. 313f。

16 见 CW 5, pl. LXIII。

一起的对立。它是著名的容器象征，一直存留到 1925 年的象征，见《帕西法尔》(*Parsifal*)。它是圣杯，被称为原罪之瓶（见 King: *The Gnostics and Their Remains*[17]）。它也是早期诺斯替教的一个象征，当然也是男性的象征，是子宫的象征，这是创造性的子宫，是男性升起火焰的创造性子宫。当对立的两极结合的时候，某些神圣的东西会出现，这就是永生，永恒的、创造性的时间。有创生的地方就有时间，因此克洛诺斯是时间、火和光之神。

在这样的密教神化中，你将自己变成一个容器，一个使对立得以在其中调和的创造性容器。这些意象越是被意识到，你将越容易被它们吸引。当意象出现在你面前，你却不能理解它们，那么你便进入了诸神的世界，或者如果你愿意那样说的话，这是一个精神错乱的世界；你将不再身处人类世界，因为你不能表达自己。只有在你能够说“这个意象是什么什么”的时候你才在人类世界。任何人都会被这些东西控制住，并迷失在其中，有些人会抛弃这种体验，认为它没有意义，从而失去了它们最好的价值，因为它们是创造性的意象。还有一些人也许会认同这些意象，并成为怪人或傻子。

问：这个梦是在什么时候做的？

荣格医生：1913 年 12 月。所有这些从始至终都是密特拉教的象征。我在 1910 年做了一个梦，[18] 内容是哥特式教堂中正在举行的弥撒。突然教堂的整面墙坍塌了，带着铃铛的牛群冲进教堂。你们应该记得坎翁[19] 的评论，如果有什么东西在公元 3 世纪破坏了基督教，那么今天将会是密特拉教的世界。

---

17 C. W. King, *The Gnostics and Their Remains, Ancient and Medieval* (London, 1864)，荣格图书馆藏书。

18 没有被记录（除了 Joan Corrie, ABC *of Jung's Psychology*, 1927, p. 80，和讲座中所讲的内容一致)。在 1910 年 2 月 20 日写给弗洛伊德的信中，荣格写道：“所有这些东西都在我这里酝酿，特别是神话……我的梦陶醉于意义深刻的象征中。”

19 Franz Cumont, *Textes et monuments figureés relatifs aux mystères de Mithra* (2 vols., Brussels, 1894-1899), and *Die Mysterien des Mithra* (1911)，荣格图书馆藏书，荣格藏有的还有其他坎翁的作品。荣格对密特拉教的兴趣最早在 1910 年 6 月他和弗洛伊德的通信中提到：见 letters 199a F and 200 J。荣格在《力比多的转化与象征》中经常引用坎翁的作品。

问题与讨论

荣格医生：

我带来了一位年轻的美国人画的一些画，他在作画的时候并不了解我的理论。我只是告诉他尝试用颜色表达出自己内心一团糟的状态。他对自己应该用什么风格去画没有概念，我很少向他解释他的画作，目的是避免干扰他对待画作的天真态度。

就像你们所看到的，这些画遵循一个渐进的序列，是超越功能的进一步表达，也就是将无意识的内容意识化的尝试。它们显示出对立两极的争斗，并尝试解决两者结合的问题，因此它们的确属于关于对立两极的讨论范围，但直到今天我才理解它们。

请看第一张图（见图 13-1）。[1] 在这张图中，他说他感到了上方的明亮；下方有东西在移动，像蛇一样，之后变得像大地一样沉重；两者之间是空洞和黑暗。我们可以顺便说一下，只有一个美国人才能产生这样的象征。上部分最下方的环中的蓝色与大海有关，他实际上确实感觉自己现在的状态就像在海上一样。

1 只有第一张图出现在原始的抄本中，但原图没有被保存下来。

黑色的无意识与恶的思想相联系。这张图是典型的男性心理——意识在上，性在下，中间什么都没有。

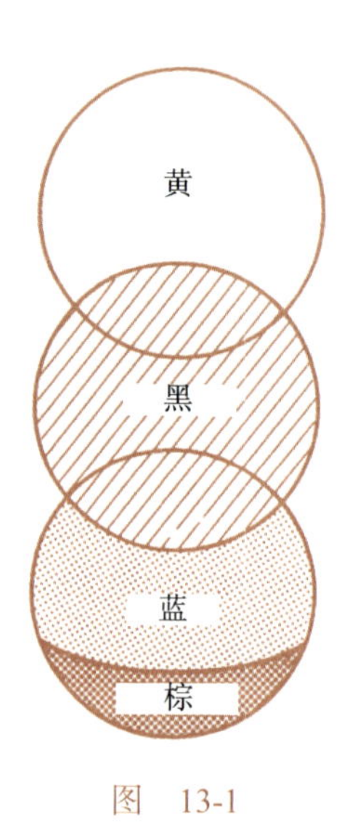

图 13-1

请看第二张图。两个圆分离，一个在上，一个在下。这显示出完全的分离。阳在上，阴在下。下方的圆显示出一种发展成原始装饰物的倾向。

请看第三张图。呈现出将事物结合在一起的尝试。阳的颜色在上，阴的颜色在下。画面为描绘出一棵绿色的树，呈现出一些生长的迹象。蛇从下方爬上来。

请看第四张图。这是一个积极地将事物结合在一起的尝试。阳和阴这两种原则在一个星形图中结合在一起。直觉–感觉的问题以垂直的形态设计显示了出来。在水平的形态出现在设计中的时候，理性的功能出现了，因为它们在我们的大地上。

请看第五张图。这里显示的是一个更加典型的或原始的角色。画面显示的是“灵魂鸟”，需要一些有帮助的动物。在上一个设计中，他遇到一种不可能的情况，因为非理性类型的人不能直接使用理性功能；因此他画了鸟。阳几乎已经消失了，鸟在中央。地上显示出特有的运动——运河、蛇，还有树根。鸟表现出了本能的倾向。如果他能看到周围存在着一些有帮助的鸟，这对他而言比任何理性功能都重要。

请看第六张图。在上一幅画中，他接近了大地，在这里他已经深入大地。大地连接天空，乌云遮住了太阳，但阳下落到地上，深入到大海中。高处的一名男性正在看他是否能跳入无意识的深度中。无意识的内容感觉就像鱼。该男士的位置和深度之间没有连接，他不能跳过去。

请看第七张图。这位男士已经跳了过去。但那是空气，而不是水；这是一片沙漠，沙漠里有骷髅头。这位男士被用铁球固定在底部。所有的生命都在上方显示，这意味着走向另一极是灾难性的并充满死亡的，就好像他还留在上方一样。他处在地球的内部。

这些图片的产生来自对精神的原始层的刺激，个体会由此获得本能的驱力。这些图片显示出了东方的显著影响，这是美国人心理的一般特征，与欧洲人的相反。没有欧洲人能够画出这些画。

（接下来是对不同的种族倾向对他们遇到的原始文化做出何种反应的讨论。）

北美和南美在这方面采用的是不同的方式。盎格鲁–撒克逊人远离原始人，而拉丁美洲人则降低他们自己的水平。我已经遇到过很多展示这一点的奇怪心理问题。接下来我向你们讲一个在南美洲发生的事情。

有一个南美洲的家庭曾经找我咨询他们儿子的情况，他们已经被自己的朋友逼疯。父母都是奥地利人，婚后才移居南美。在家中，欧洲传统占优势，而周围全部是印第安传统，拉丁美洲的人并没有拒绝这些影响。对于印第安人的家庭而言，将他们的孩子送到城市中以较少的薪酬或免费的方式去工作是他们的习俗，而对于小女孩而言，这种情况就意味着她们不可避免地会受到性虐待。

这种方式让那位奥地利人的儿子感到极度不安，他向一名自己非常喜欢的教授寻求意见。教授问他是否有吉祥物，他当然没有，因此教授给了他一个。教授告诉他要带上吉祥物，那是一个玩偶，它的力量会不断增加，玩偶越强，男孩的问题越少。男孩要做的第一件事情是把吉祥物抱在怀里，在街上走来走去，尽管男孩感到莫大的羞耻，但他照做了。然后他把吉祥物拿给教授，问他还要做什么，教授说还有要做的。玩偶还不足够强，他必须带着它到为共和国总统举行的大型庆典中，他必须穿越警察的警戒线，在总统的面前将玩偶摇三次。男孩也照做了，并与警察产生了冲突，但当警察发现男孩只是想把吉祥物变强的时候，就把男孩释放了。男孩回到教授那里。不，玩偶还没有达到它应有的强度！他现在必须找到一位小女孩，用玩偶捂住她的口鼻直到她几乎窒息而死。在女孩濒临死亡时产生的极大痛苦所带来的力量会进入玩偶，它就会真的变强。在这次痛苦的经历之后，男孩崩溃了，但他什么都不敢说，因为如果他说了，所有的力量都会离开玩偶，因此他一直处于神经质的状态，后来他的父母开始求助。

男孩的母亲是天主教徒，但如果教会支持这样的事情是十分荒谬的。西班牙裔的神职人员在拉丁美洲是非常迷信的，你们可以在他们所有人身上看到我刚才所描述的事情，这源自征服者和本地人的联姻。通过这样做，拉丁美洲的人能够摆脱意识和无意识之间的分裂，但他们失去了自己的优越性。盎格鲁–撒克逊人不与原始人结合，但他们在无意识中沉入到原始的水平上。

泰勒小姐的问题：（1）“你认为密特拉宗教的某些发展会使其在不久的将来成为一个活跃宗教吗？”

荣格医生：我不能假设这样的事情会发生。我只是提到密特拉宗教，因为我的幻想和它有密切的关系。而密特拉宗教本身非常古老，作为基督教的兄弟宗教，它只是相对重要，因为它吸收了基督教中的一些元素。追溯那些被基督教抛弃和接受的元素非常有趣。弥撒中的钟声可能来自密特拉教，在密特拉教的神秘仪式中，钟会在某一时刻被敲响，而且圣诞节也是密特拉教的盛宴。在早期，圣诞节是 1 月 8 日，这一日期源自埃及，是为了庆祝欧西里斯的躯体被发现。后来密特拉教被消灭后，圣诞节才被基督徒定为 12 月 25 日，密特拉教的信徒在这一天庆祝无敌的太阳神（Solinvictus），这是他们的圣诞节。对于早期的基督教徒而言，圣诞节是太阳的复活，一直到奥古斯丁之后，基督才被视为太阳。

泰勒小姐的问题：（2）“你在上次讲座中表达的观点是对你之前观点的进一步发展吗？即认为无意识的内容能够从无意识中所缺的部分推断出来。”

荣格医生：对的，但我并非想暗示我之前的观点和我在那天所讲的无意识获得平衡之间存在冲突。我只是前进了一小步。

毫无疑问，某些意识的内容可以从无意识中推断出来，反之亦然。如果一个梦说出这样的事情，我们有理由说意识的态度一定是这样的。如果一个人只有理智，他肯定在无意识中压抑了情感，我们一定能在那里找到情感。

我进一步说无意识显示出自身的平衡，超越了它对意识的补偿作用。也就是说，我们不能说无意识的主要内容只是对意识的平衡，反之也不成立。因此，我们也可以像大多数人一样非常好地完全生活在意识中，稍微关注或完全不关注无意识。只要你能够忍受这样的生活产生的症状和抑制，这也没问题。

那么，意识中的平衡存在于权衡的过程中。你肯定这个，否定那个。同样，如果你有一个梦，你会发现是和否，我将之称为梦的歧义；它从来没有全心全意地致力于其中的任何一个，因此我会说当无意识正常运作时，它会平衡自身。所有无意识严重片面化的案例都是由无意识没有正常运作导致的。扫罗（Soul）和保罗（Paul）就是这样的例子，如果扫罗在自己的意识中更加平衡，那么他的无意识也会以不同的方式发展，就不会一夜之间产生一个羽翼丰满的保罗。

在任何独立的单元中，它们都会遵循这种相同的平衡原则来寻求一个相互补偿的关系，例如男性和女性之间的关系。没有男性会因没有女性而无法存在，也就是说，如果他被迫用这种方式生活，他将会产生必要的平衡。适用于男性的这一点也适用于女性，但如果任何一种性别要有完整的生命，那么就需要另一性别作为补偿。意识和无意识也是如此，我们寻求分析就是为了获得来自无意识补偿的益处。原始人展现出一种比我们更加平衡的心理，这是因为他们并不反对非理性的出现，我们却非常憎恨它。有时候病人会对梦或幻想中可能有性的内容感到无比愤怒，尽管可以肯定的是，今天对性欲的接受已经变得流行。但如果当梦显示出对个体的道德批判，即说出某些你的不洁或丑陋的东西，人们便会出现过去面对性梦时的强烈反应。

罗伯逊先生：难道没有另外一种方式去看待意识中进行的平衡吗？也就是说，如果四种功能同时起作用，这意味着平衡吗？

荣格医生：即使所有四种功能都在起作用，也会有被遗忘的东西，无意识包含这些。有些人倾向于使无意识携带应该属于意识的内容，这肯定会扰乱无意识的功能。这样的人能够在很大程度上从个人的和集体的无意识中移除了很多东西，从而使无意识更加正常地运作。例如，你会遇到有人认为自己生来没有宗教感。这就意味着他们把所有这一面都留在了无意识中，如果你将这些东西从无意识带入到意识中，那么我会说，无意识的功能会得到帮助。再举一个例子，我们总能听到某些有一些分析经验的人说，“我不会下决心的，我要看看我的梦怎么说”。但有很多事情需要的是意识的决定，而“将其留给”无意识做决定是极其愚蠢的。

古老的神秘修炼极大地帮助我们将无意识中真正属于意识的元素解放出来。所有真心诚意经历过入会仪式的人都会在其中找到魔法的特质，这便是来自于它们施加到无意识上的效应。我们能够以这种方式，通过释放进入无意识而获得惊人的领悟，甚至会有人发展出灵知；但如果这个天赋得到发展，它会使这个人能够沉浸在各式各样导致他痛苦的氛围中。当生命变得无比贫瘠的时候，人们会试图获得这种权力的扩张，但通常当人们达成目标的时候，常常诅咒命运；但如果我们有活力和激情，我们会欢迎这种领悟。你们当中听过雷丁博士[2]上一次讲座的人应该会记得，在驱魔舞经过第四个小屋后遇到的那条曲折的道路，在第四个小屋的最后，新加入的人被给予很高的荣誉，并获得巨大的权力提升，而现在这条路变得充满可怕的障碍。因此，当你将未被意识到的无意识内容释放出来的时候，你之所以会释放它，是因为它有特殊的功能。它会像野兽一样向前冲。你会踏上充满所有原始人的恐惧的曲折道路，但你也会拥有原始人所有的经验财富。因为事实上对于原始人而言，生命远比我们自己丰富，因为生命中不只有事物，还有事物的意义。我们看到一个动物，会说它是某某物种，但如果我们知道那个动物是我们变成鬼的兄弟，这对于我们而言，又是另一种体验。或者我们坐在树林中，一只甲虫落在某人的头上，只会引起这样的抱怨："真讨厌。"但对于原始人而言，这个事件是有意义的。我有时候会在我的病人身上看到这种原始的反应，即对于自然中明显不重要的事情的意义有着超凡感觉。毕竟，动物不只是一种有毛的东西，它是一种完整的存在。你可能会说郊狼（coyote）就是郊狼，但原始人认为和它一起出现的是凯奥特博士（Dr. Coyote），一个拥有超自然和精神力量的超级动物。

无意识像超级动物意象一样对我们起作用。当我们梦到公牛时，我们不应该只把它看作一个低于人类的存在，也应该认为它是高于人类的，即某些类似神的东西。

---

2 雷丁的讲座未被找到，但很明显是关于美国中西部温尼贝戈部落驱魔仪式的主题。见 Radin, *The Road of Life and Death: A Ritual Drama of the American Indians* (B.S. V; New York, 1945)。关于雷丁与荣格关系的记录，以及他是如何参加到讲座中的部分，见前文麦圭尔的导读。

■ ■ ■

霍顿小姐： 如果允许在这里提问，我想知道为什么美国人更接近远东的人，而非欧洲人？

荣格医生： 首先，他们在地理位置上更近；其次，东方和美国在艺术上的连接比和欧洲要亲密；再次，美国人就生活在这样的种族土壤中。

霍顿小姐： 你指的是人种学方面吗？

荣格医生： 是的。我对普韦布洛的印第安女性和阿彭策尔地区的瑞士女性之间的相似性感到非常惊讶。阿彭策尔地区有很多蒙古侵略者的后裔。这些应该能够解释为什么有些美国人的心理更接近东方。

德·安古洛： 不能从意识的角度上解释吗？

荣格医生： 可以，也可以从这个维度上解释。也就是说，美国人非常分裂，因而转向东方寻求无意识的表达。美国人对中国人非常欣赏。所有我知道的中国的知识都是来自盎格鲁－撒克逊这边，不是来自欧洲大陆，虽然的确是来自英格兰，但美国是英格兰的延伸。

讲　座

今天我想给大家讲的是对我上次讲座中所讲到人物的理解，也就是阿尼玛和智慧老人。当你分析男性的时候，如果进行得够深，你总会遇到这些形象。首先你可能遇到的并不是独立的人物，我遇到的是三个。你可能遇到的是他们与动物的融合，比如动物与女性的融合，或者动物是分离出来的，也会存在着一个雌雄同体的形象。智慧老人和阿尼玛是合一的。

所有这些形象对应着意识的自我和人格面具之间的某种关系，而且象征会根据意识的状态而变化。我们从图 13-2 开始讲。

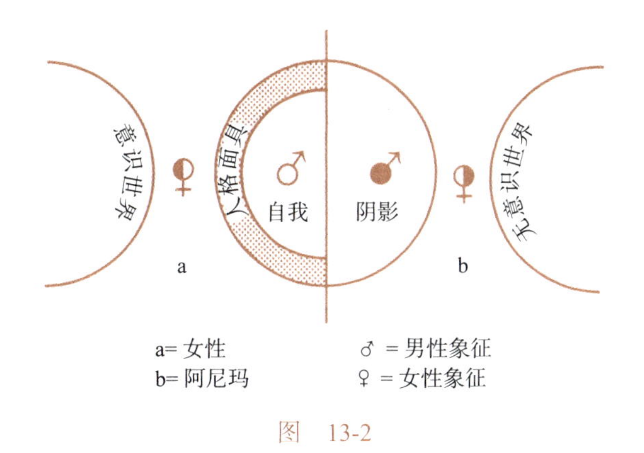

图 13-2

把这个空间视为意识：我感觉自己是这个可见的意识视野中的一个发光的点。我不知道你们在想什么，所以这是一个有限的意识范围。在它之外是一个有形的现实世界。这个世界可以通过一个客体呈现给我。因此，如果我向 A 先生提问，那么他就在特定的瞬间成为我通往那个世界的桥梁。但如果我现在问自己，如何与世界建立一种绝对的或无条件的关系，我的答案是，只有在我既是被动又是主动时能做到，此时我既是受害者又是施害者。在男性身上只能通过女性做到这一点，她是连接男性与大地的要素。如果你不结婚，那么你可以去自己喜欢的地方，但只要男性一结婚，他必须处在特定的点上，他必须扎根。

我所讲的视野范围是我的行动范围，我的影响范围取决于我的行动范围。这便构成我的面具，但当我主动行动的时候，我的活动也只有在你接收的时候才作用到你身上，我的出现得益于你，我不能独自完成。换句话说，由于我对你的影响和你对我的影响，我在自己周围制造了一个壳，我们将之称为人格面具。事实上，壳的存在并非有意的欺骗，只是由于关系系统导致我永远无法摆脱客体对我的影响。只要你生活在世界中，你就离不开人格面具。你可能会说，“我不想这样，也不想要人格面具”，但你抛弃这一个人格面具，就会带上另外一个，当然，除非你生活在珠穆朗玛峰上。你只能通过自己对别人的影响来了解自己是谁。你通过这样的方式创造自己的人格，意识也是如此。

关于无意识的一面，我们需要通过梦进行推测。我们必须假设有一个类似的视野范围，但有一些特别，因为我们在梦中永远不完全是我们自己；即使性在无意识中也没有清晰的界定。我们可以假设无意识中也存在这样的事物，也就是集体无意识的意象。你和这些东西的关系是什么呢？关键还是在于女性。如果你在现实中放弃女性，那么你将成为阿尼玛的受害者。这种男性与女性之间关系中的必然性的感觉，是男人最不喜欢的。在他确信自己已经完全摆脱她，并最终来到自己的内在世界时，看哪，他正躺在自己母亲的怀里！

第14讲

荣格医生：

我们继续上次讲座展开的讨论，这里有一幅图（见图14-1）。正如我尝试通过a和b中暗和明的两种颜色所展示的，男性与真实的女性和阿尼玛之间既有积极的关系，也有消极的关系。如果他对真实的女性所持的态度通常是积极的，那么他对阿尼玛的态度便是消极的，反之亦然。通常男性对女性的态度既是积极又是消极的，只不过消极面被埋藏了起来，必须在深层的无意识中寻找。例如，这种情况通常可以在婚姻中观察到，这种消极的因素最初是相当容易被忽略的东西，接着多年后变成关系的最大威胁，最终导致分离，尽管这两个人一直有着最和谐婚姻的幻觉。

我们能够在男性的集体意识中发现二元的原则，就像我尝试在x和x′这两个象征中呈现的一样。也就是说，一般我们的规律和理想都很好，因此当我们开始探索男性的意识世界时，我们首先会遇到积极的象征x。如果我们回顾历史，我们会对教会和国家中事情所发展的广度和深度有深刻的印象。如果我们用原始人的话说，那么我们会说会有明智的长老议会在掌管这些事情。让我们以天主教的弥撒为例。如果我们研究这个，那么我们一定会将它视为我们所拥有的最完美的事情之一。我们

的规律也是一样的，它们也有很多方面能激起我们的期待和赞赏，但这不能完全说明问题：我们无法逃避的事实是，这些东西也有非常邪恶的一面。

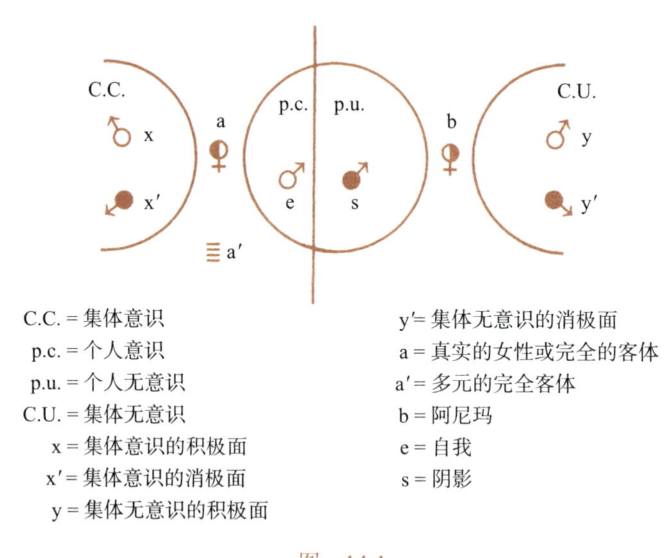

图 14-1

我们来看无意识的一面，阿尼玛形象的二元性是很明显的。当男性开始了解自己的阿尼玛时，对他而言，她既是黑夜又是白天。正如我们在赖德·哈格德的《她》中经常观察到的那个经典的阿尼玛形象一样，我们永远不能确定她的善或恶；一会儿是这一面，一会儿又是另一面将我们控制住。她的力量在很大程度上取决于她本质的二元性。就像我之前所讲，男性可能知道真实的女性也像光明和黑暗一样，但当他在一位女性身上看到“她”的魔法本质的时候，他立即开始将大量的无意识投射到她身上。

男性与集体无意识的关系也是二元的。通过阿尼玛进入无意识的时候，我们会遇到智慧老人的形象，他是巫师或巫医。一般巫医都有非常仁慈的一面。如果有牲口走失了，他肯定知道如何以及在哪里找到它们；如果需要雨，他会确保下雨。此外，他肯定也治疗疾病。在所有这些职能中，他都以正面的形象出现，就像我在图中用 y 所表示的一样。但我们需要考虑到黑魔法，这与恶紧密地联系在一起，因此会有 y′，我们可以将之称为黑魔法师，是从 y 分裂出来的。

通过一位神学院年轻学生的梦，我清楚地看到了男性集体无意识的二元性。[1] 他曾陷入怀疑的冲突中，思索成为牧师是否是正确的选择，以及他的信仰是否真的如自己以为的那样坚定，等等。但你们很多人应该听过这个梦，因此我不知道重复它是否是值得的。

（大家要求复述一下这个梦。）

好的，做梦者发现自己站在一位慈祥的老人面前，老人穿着一件黑色的长袍。他知道这个人是白魔法师。老人刚讲完一段话，做梦者就知道他讲的都是美好的东西，但他完全想不起来具体内容，不过他记得老人说需要黑魔法师。紧接着，另外一位穿着白袍、面容慈祥的老人出现了，这是黑魔法师。他想对白魔法师讲话，但当看到年轻人站在那里的时候，略显犹豫。接着白魔法师立即解释说这位年轻人“没有恶意”，黑魔法师可以在他面前畅所欲言。因此黑魔法师说他来自一个由老国王统治的国家，而老国王想到自己将不久于人世，他开始为自己寻找一个合适又庄严的坟墓，在自己去世后葬在那里。他在一些古老遗迹中找到了一座非常漂亮的墓穴，他将其打开并进行清理。他们在墓穴中发现了生活在很久很久以前的一位童女的墓。当他们把骨头扔出来的时候，这些骨头落在了阳光下，立即变成了一匹黑马，接

1 荣格是 1924 年在伦敦由国际教育同盟举办的 3 次讲座中的第三讲中第一次提到的这个梦：第一次是在 5 月 10 日，是大英帝国展览中本地教育协会举办的会议的一部分，最近在温布利的郊区开放；第二次和第三次是在伦敦西区的莫蒂默街大厅（*Times Educational Supplement*, 3, 10, and 17 May, 1924.)。讲座的初稿由荣格用英语写成，由 C. 罗伯特・奥德里奇修订；它们最初以德文的形式发表（1926），接着英文版被收录在《分析心理学论文集》（1928）中，是由 H.G. 拜恩斯和卡莉・F.（德・安古洛・）拜恩斯翻译的（除了这些讲座）。关于对这个梦的讨论，见“Analytical Psychology and Education”(CW 17), par. 208，更多的细节部分，见“Archetypes of the Collective Unconscious”(1934; CW 9 i), pars. 71ff.。

着黑马跑进沙漠中，消失不见了。黑魔法师说，他听说过这匹马，认为找到它是非常重要的，因此他回到一切发生的地方，并在那里找到了马的足迹。他日复一日地顺着这些足迹，来到了沙漠中，一直在沙漠中寻找，直到他来到了沙漠的另一端，他在那里看到黑马在吃草。马的旁边是通往天堂的钥匙。他带着这些问题来寻求白魔法师的帮助，他不知道该怎么做。

这是一位没有接触过分析心理学思想的男士做的梦。他自己以这种方式遇到了激活自己无意识的问题。由于他有不为人知的诗歌才华，无意识的内容便以这样的形式出现了，但如果没有这种才华，这是不可能出现的。很明显这个梦充满了智慧，如果我为这位年轻人做了分析，他肯定会对这种智慧印象深刻，从而对无意识有更深的尊重。

■ ■ ■

我现在向你们呈现一些与女性心理有关的内容，我还是使用这张图，只是做了一些细微的改动（见图 14-2）。

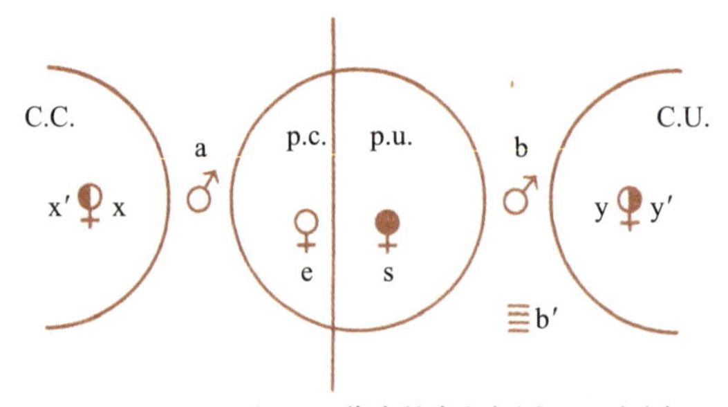

C.C.，p.c.，p.u. 和 C.U. 代表的意义与图 14–1 相同。
x′x = 集体意识的融合的双面
yy′ = 集体无意识的融合的双面
a = 真实的男性或完全的客体
b = 阿尼姆斯
b′ = 阿尼姆斯的多元性

图 14-2

我们可以说女性所看到的真实的男性是他光明一面，而她与真实的男性之间的关系在这方面是相对排他的，在这方面正好与男性和真实的女性之间的一般关系相反。在男性身上，这种关系并不是排他的。当一般的男性允许在他的妻子和其他女性之间进行比较时，他会说："在所有女性中，她是我的妻子。"而对于女性而言，将世界人格化的客体对她而言（图 14-2 中的 a）是"我的"丈夫、"我的"孩子，他们生活在一个相对无趣的世界中。这位"独一无二的"丈夫拥有妻子的阴影面，就像我们在男性与真实的女性关系中看到的一样。

同样，阿尼姆斯有光明面和黑暗面，但作为意识中唯一的男性平衡，在女性的无意识中有大量的阿尼姆斯形象。男性将他和自己的阿尼玛之间的关系理解为高度情绪化的事情，而女性与自己的阿尼姆斯之间的关系更多地属于逻各斯的领域。当男性被自己的阿尼玛支配的时候，他处在一种特殊的情感状态中，他不能控制自己的情绪，而是被情绪操控。被自己的阿尼姆斯支配的女性是被观点控制的，她也不能区分这些观点。她可以很容易地说，"在 1900 年或什么时候，爸爸这么对我说"或"多年前，有个白胡子的男性告诉我这是真的"，这些话对她永远是真实的。男性在女性身上遇到这种现象的时候，会认为这是一种无声的偏见。对于他而言，这种现象的力量和不可见性令他在很大程度上感到困惑和不快。

我们现在讲女性与集体意识的关系。由于我没有女性的情感，因此我对这种关系是什么讲不了太多，但尽管如此，家庭似乎是女性生活的真实基础，或许可以说，她对意识世界的态度就像一个妈妈的态度一样。女性对自然也有特定的态度，但比男性更易轻信自然。就在男性的焦虑即将爆发的时候，她总是说："哦，好吧，那会好起来的。"肯定有类似这样的东西能够解释为什么男性的自杀率是女性的三倍。但我们总能看到，尽管女性与集体意识的关系并不像男性一样存在明显的分裂，但还有足够的二元性允许我们做出一个类似于 x′x 的象征。换句话说，女性心目中的那位能使一切都好起来的尊贵老神有自己的情绪，因此我们不该过于信任他。这是批判的元素，是阴影面。男性倾向于将 x 和 x′分开，女性倾向于将它们结合在一起。如果你听男性之间的争吵，你总能听到他们一直在区分问题的消极和积极面；他们这会儿谈这个，过会儿又谈那个。与女性争吵的初期，争吵的前提带有这种区分的原则，但大约两分钟后，她就会将积极正确的东西带入消极面的中央，击穿你的整个逻辑结构，反之亦然。你也永远不可能让她认识到她已经摧毁了讨论的逻辑。从她的思维方式上看，这两者非常接近。追求统一原则的斗争贯穿于她所有的心理过程，就像对立原则，也就是区分原则，贯穿于男性的整个心理过程一样。

当涉及女性的无意识时，画面就变得很模糊了。我认为我们还能在这里发现母亲的形象，她也有双重面，但是以特别的方式存在。就像我们在男性身上所看到的，他明确区分好和坏，秩序和混乱，但在女性的集体无意识中，人和动物是融合的。我对女性无意识的动物特点有非常深的印象，我有理由相信女性和狄俄尼索斯元素的关系非常密切。在我看来，男性似乎真的比女性离动物远得多，但这并不是说他身上没有很强的与动物的相似性，而是说动物部分在心理上不像女性那样。仿佛在男性身上，与动物的相似性停留在了脊椎上，而在女性身上，它延伸到了大脑较低的皮层，或者男性使动物的王国留在膈膜之下，而它在女性身上扩展到了她的整个存在。当男性在女性身上看到这个事实的时候，他会立即假设女性的动物性完全和他自己的一样，而唯一的不同之处是女性拥有的更多。但这完全就是一个错误，因为她们的动物性包含精神性，而在男性身上的只是残暴。女性的动物面可能就像我们在类似于马的动物身上看到的那样，如果我们从动物的内部看它们，而非像我们平时那样，只从外部看的话。我们如果从内部看马的精神生活，它看上去会很奇怪。但男性总是从外部看动物，他在无意识中没有心灵的动物性，而女性在自己的无意识中是有的。

很明显，我在这里只能给出女性心理领域的概述，会有很多与之相关的问题出现。

■ ■ ■

（接下来是沿着两条总线进行的讨论，第一个是男性倾向于分开对立的两极而女性倾向于保持两者的相对统一，第二个是关于荣格医生是否对女性在她们特定的情感世界中获得的意识水平做出了公正的评判。

关于第一点，施密茨先生认为男性和女性之间的主要区别是女性天生就有对立感，而男性是通过理智获得的，换句话说，女性是无意识的，而男性是意识的，这是海伦娜或阿尼玛形象和老人一同出现的基本思想。）

荣格医生：是的，对男性来说，它看起来就是这样的，但你们必须记住，女性可能会有某种男性不能理解的意识，因此，男性在女性身上会犯一些典型错误。海伦娜只是一个男人的女人，她是男性渴望的样子，但女性决不会称她为真实的女性，她是人为现象。一位真实的女性是一个完全不同的人，当男性违背她，将海伦娜投射到她身上时，事情完全不相符，灾难也不可避免了。

■ ■ ■

施密茨先生认为女性意识中没有什么奇怪的东西，只是她们拥有这种将本应该分开的东西混在一起的、不可避免的倾向。

荣格医生：但这仍是一种男性的偏见。男性发展出的意识倾向于分裂，或者区分，但女性所持有的统一原则并不仅仅是像你所说的是一种无意识的状态，尽管总体上女性经常显示出对意识化的抗拒。

■ ■ ■

（关于第二个问题，即荣格医生是否对女性在情感世界中获得的意识做出了公正的判断，有人说，虽然他已经很清楚地呈现出男性在集体意识领域获得的区分，但当来到女性的领域时，他宁愿给我们一种印象，即女性是一个无可救药的、无定形的生物。在班上的一些人看来，为了呈现完整的图景，需要更多地强调女人已经建立了一个情感价值世界的事实，在这里，她能做的区分与男性在理智世界中的区分具有相同的精确性，让她感到困惑的是，这些情感价值经常被无情的男性踩在脚下，因为它使男性感到不安，因为他的理智价值被那个不理智的女人“搞得一团糟”。）

问题与讨论

荣格医生：

在回答问题之前，我想给班级内的同学布置一些我很着急去完成的任务：也就是对三部以阿尼玛为主题的作品进行分析：哈格德的《她》、伯努瓦的《亚特兰蒂斯》以及麦林克的《绿面》。[1] 我建议你们大约五个人一组，分成三个小组，各讨论一本书，每个小组各选一个组长，最后在班内报告你们的发现。如果你们完成这项工作，我就可以很好地了解你们在讲座中学到了什么。当然，你们可以按你们认为合适的方式进行，但我想给出以下建议：（1）为了那些班内在讨论的时候，可能还没有读过特定作品的同学，我们需要回顾书的内容；（2）接着对书中的主人公进行刻画和诠释；（3）接着报告相关的心理过程，力比多的转化和从始至终的无意识形象的行为表现。毫无疑问，报告将持续大约一个小时，接着我们进行一个大约半小时的讨论。

（班内同学建议，如果加入一部论述阿尼姆斯的作品会很有

1 H. Rider Haggard, She (London, 1887); Pierre Benoît, *L'Atlantide* (Paris, 1920); Gustav Meyrink, *Das grüne Gesicht* (Leipzig, 1916)。在他之后的作品中，荣格经常引用前两部作品作为阿尼玛的主要范例。他明显是在 1920 年 3 月前往阿尔及利亚和突尼斯的途中第一次读到小说《亚特兰蒂斯》；见 *Word and Image*, p. 151。

意思，而不是让三部作品都与阿尼玛有关。在荣格的建议下，玛丽·海的《邪恶的葡萄园》[2] 取代了《绿面》。）

分组如下（组长用 § 标出）：

《她》	哈丁博士 § 拜恩斯小姐 邦德先生 雷丁先生 沃德博士	《亚特兰蒂斯》	奥德里奇先生 § 芝诺女士 霍顿小姐 萨金特小姐 培根先生	《邪恶的葡萄园》	曼博士 § 罗伯逊先生 辛克斯小姐 培根先生 德·安古洛博士

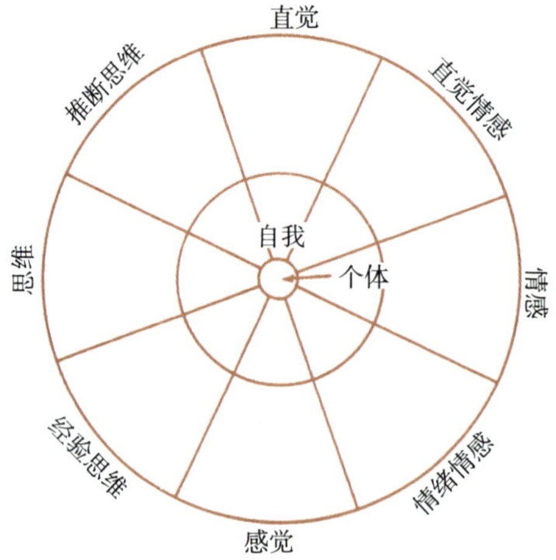

图 15-1

讲　　座[3]

图 15-1 是我们肯定不会在现实中遇到的理想状况，也就是说，它呈现

2 出版于纽约和伦敦，1923。艾格尼斯·布兰奇·玛丽·海（Agnes Blanche Marie Hay，1873—1938）是一位英国人，她的丈夫是德国的外交官赫伯特·贝内克多夫和冯·兴登堡。在她的作品中有瑞士诗人哥特弗雷德·凯勒的重要生活（1920）。关于对海、哈格德和伯努瓦作品的评论，见“Mind and Earth”(1927; CW 10), pars. 75-91。关于讲座中的报告和讨论，见第 16 讲的附录。

3 荣格对功能类型理论经典的论述 *Types*, chapter X。

的是完整意识的所有功能。因此我将所有功能都呈现在一个平面上。中间是实质的核心，我称之为原我，[4]它代表的是意识和无意识过程的整体或全部。这与自我或部分的原我是不同的，后两者并不被认为和心理过程的无意识元素有联系。由于自我和我们人格中的无意识没有联系，也就是说没有必要有联系，即使将投射考虑在内，我们对自己的看法经常和别人对我们的看法不一样。无意识在持续地起作用，有时候是很显著的，而我们觉察不到它对我们的重要性。事实上我可以做非常复杂的事情，但不知道自己已经做过，例如当我走在街上的时候，我可能会小心翼翼地在人群中穿梭，但如果在一两个街区的尽头有人问我："你穿过了多少人？"我肯定说不出来。但每个我穿过的人都会分别地记在我的心里；我只是没有把结果带入自我中。

同样，我们很少对自己面部流露出来的东西有意识，来自无意识的半隐半现的东西对于外部观察者来说总是可见的，他们有时候会惊讶于我们对他们能够清晰地看到的东西却如此无视。那么，只要在我们身上还留存着未被自我注意到的部分，那么就不能说自我代表心理过程的整体。

当然，我们不能对我假设的实质中心的存在过于肯定，这是无法证实的。我们可能有两个中心，而非只有一个，或者像在早发性痴呆的案例身上，有大量的中心。但当你面对的是一个相当正常的个体时，他总会有一个中心，当某些重要的事情发生时，它似乎来自那个统治中心。有些人会把他们从这个核心获得的反应投射为上帝赐予的信息。这个自我调节中心只是一种假设。

我将原我置于图表的中心，但它也应该被认为包含整个结构或者散布于整个世界。印度哲学中将我所谓的原我描述为比小的更小，但又比大的更大。

我们看图15-1，我将功能排列为圆中的扇形结构。我们从思维[5]开始，

4 在图表中是"个体"。

5 为了清晰说明，文中使用楷体标出，这一段被引用在Corrie，*ABC of Jung's Psychology*，pp. 29f.。

或者说从纯粹的理智开始。作为理性的功能，它通过我们所称的推断思维与非理性的功能——直觉联系在一起。接下来，我们通过直觉情感来到思维的对立一极，也就是情感，又从这里通过情绪情感来到直觉的对立一极——感觉。情绪是一种生理状态的情感，可以由感觉感知到。通过我们称为经验的思维，我们再次从感觉回到思维。我们现在认识到从思维可以很容易地过渡到直觉和感觉，反之亦然，但到情感是最远的。

我们现在尝试给情感下一个精确的定义，就像我们在以前的讲座中所看到的，这是一项困难的工作。班内有人愿意谈谈情感的本质吗？

（全班提出了一两个观点，但必须要说的是，这些观点更多的是对这个主题的兴趣，而非成功地找到了答案。有一个观点认为尝试定义情感的方式也应该出现在对其他所有功能的定义中，另一种观点认为对情感的定义应当只适用于与情感有关的特质。但大家普遍认为现在分析心理学中对情感的定义（一个形成主观价值的功能）并不令人满意，一个令人满意的定义必须包括主体和客体之间动力的理念。直到讲座结束的时候，大家还深深地沉浸在讨论中。大家要求荣格医生对他自己的观点做简要的总结。）

荣格医生：我的观点是，情感一方面是一种非思维的欣赏，另一方面也是一种动态关系。

第 16 讲

荣格医生：

我想还有一些关于功能的一般问题需要进一步的厘清。我现在想谈谈与现实有关的四种功能，因为在我看来，每一种功能都能将主体带入到现实中的特定一面。那么图 16-1 展示的就是从实质的中心散发出的四种主要功能，并在整体上构成主体。

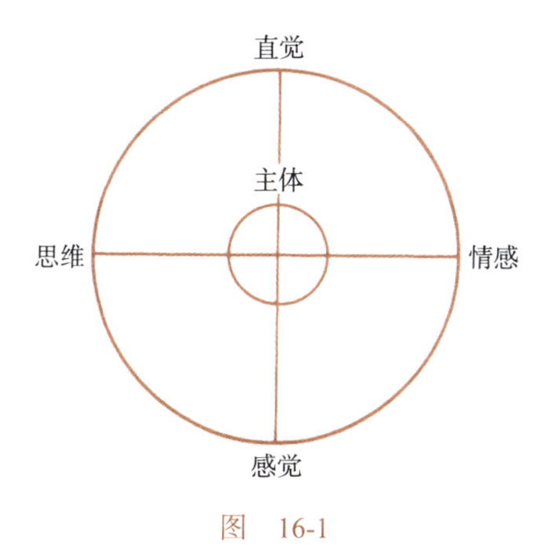

图 16-1

主体悬浮在客体的世界中，对主体的思考不能脱离客体。一般而言，我们把属于外部的事物当作客体，但与主体接触的内在客体也是同等重要的。后一种包括任何从意识中溜走的，被遗忘的，或像我们所说，被压抑的意识内容，以及全部的无意识过程。你的功能中总有一部分在自己的意识中，还有一部

分在你的意识外，但仍在心理活动的范围内。

有些内在的客体真的属于我，当我把它们忘记的时候，它们可以被比作丢失的家具配件。但除此之外，有些客体是进入我的心灵环境中的入侵者，它们来自集体无意识。或许有些入侵者来自外在世界，例如制度。这可能是无意识的，因此该客体来自我，或者源自周围环境中的某些东西。

很明显，外在的世界不会不影响功能。如果感觉只是主观的，而不是建立在现实的基础上，人们对自己所做的事情就会不确定。可以肯定的是，并非所有的信念都建立在外在事物的影响上。有时候信念也会有很强的主观元素，在病例身上观察到的幻觉和错觉能够证明这一点。感觉所带来的更大一部分信念来自感觉与现实中超主观现实（或客观现实）之间的连接，这既属于现实，又属于感觉，不是现实本来可能成为的样子或现实可能将成为的样子，而是现实如其当下所是。因此感觉给出的只是现实的静止状态，这是感觉类型的基本原则。

直觉也带着类似的确定感，但这种确定感来自不同的现实。它代表的是可能性的现实，但对于直觉类型的人而言，这种确定感不可动摇，完全与静态事实所代表的现实是一样的。由于我们能够通过观察可能的事件是否真的发生来验证直觉，而且直觉预见的成千上万种可能的事情都已实现，那么，直觉类型者将自己的功能视为对现实的一个阶段（或者说动态的现实）的理解是合理的。

当我们讨论理性功能的时候，事情开始变得不同。思维只能间接地建立在事实上，但尽管如此它仍带有很大的信念。对于思考的人来说，没有什么比一个想法更真实。思想家从某些一般或集体的思想得出自己的判断，我们称这些思想为逻辑程序，但这些一般或集体的思想反过来又来自某些潜在的思想；换句话说，逻辑程序的起源是原型。事实上很难追溯它们的历史，但总有一天，当人类比现在更聪明的时候，这无疑会实现。但如果我们只是大致地研究思想的历史，我们在所有时代都可以认识到原始意象的存在。对于康德而言，它们是本体，即“自在之物”。对于柏拉图而言，它们是形象，是先于世界存在的模型，世界上所有的事物都源自它们。

那么，思维来自意象的现实，但意象的现实来自哪里？为了回答这个问题，我们来看自然科学领域，我们在这里能够找到很多意象的影响力的证据。如果你把蚯蚓切成两半，有头的那一半会长出新的尾巴，有尾的那一半会长出新的头。如果你将火蜥蜴眼睛的晶体破坏，新的晶体会再长出来。在这两种情况中，我们必定假设有机体自身肯定以某种方式带有自己的整体意象，而整体在被破坏时有被重新建立的倾向。同样地，成熟的橡树意象被包含在橡树籽中，也说明了整体意象原则。当然，如果一部分被切断，整体重新建立整合的作用也有限制。被替换的部分是一个比原有的更加原始的类型，因此我们可以说，一般而言，如果一个分化的器官形态被移除，替代的器官会回到更原始的水平。同样的事情也会在心理层面上发生。也就是说，一旦我们抛弃更加分化的功能，那么我们便回到了古老的水平上。我们在辩论这样简单的过程中很容易可以看到这种观象，如果我们不能通过逻辑思维使人信服，我们便将之抛弃，转而回到更原始的水平，也就是说，提高嗓门，计较当前的话语，开始挖苦或讽刺。换句话说，当我们精密的工具不再起作用，我们全力以赴地使用情绪，用上了“锤子”和“钳子”。

回到意象的问题上，我们在自然中发现了一些与它们包含的原理相对应的事物。当我们只把这个概念应用到思维上，我们会假设意象是静止的。伟大的哲学家一直将这种意象称为永恒之物。正是这些静态的意象构成了思维，如果我们愿意，可以将它们称为逻各斯。

正如我们所见，情感也有自己的现实信念，也就是说与超越主观的事实有关。如果我们从某些方面看它，它和思维有相似之处，但这只是表面上的联系，没有真正的联系。例如，我们以自由为例，给大家展示它是一个高度抽象的静态概念；也就是说，我能将它当作思想保存，但自由也能传递出强烈的情感。同样，短语“我的祖国”也可以从抽象和情绪的角度上理解。因此，我们大部分的概括性思想既是情感价值也是理智意象，因此我们可以说情感的基本事实是一个动态的意象。也就是说，是意象在起作用，它有动机力量。情感的抽象描述不会变化，它是静止的。如果我把上帝定义为所有变化过程中的不变整体，那么我所拥有的不就是完全静止的概念吗？但我们很容易把上帝想象为最强的动态意象，因为动态意象的整体能够使用爱洛斯。

综上所述，我们已经讨论了四种现实：①感觉带给我们的静态现实；②直觉揭示的动态现实；③思维给我们的静态意象；④情感感受到的动态意象。

我认为对这四种功能的发现等同于对世界的描述，也就是说，世界的现实有四个方面。我们没有办法知道世界是有序的还是混乱的，因为我们知道的世界，都是我们自己赋予的秩序。我们可以设想出某种可能性，世界以这种方式变化，从而产生另一个或另一些功能；与此同时，我提出这些功能，也是将其视作可能的定位点。

现在你们知道我对情感的观点了。

曾经有人问我，如果班内有很多学生做出真实的情感陈述，我是否愿意讨论它。我当然很高兴去这么做，这是进入这个主题的有利方式，但我必须提醒你们不要太主观地看待情感。每个类型的功能都有观察情感的特殊方式，也很容易找到对于其他类型而言是不真实的东西。因此，关于功能的观点中最受攻击的是“情感是理性的”这一论点。很多学者读过我的书，当然，他们不会从这个角度上看待情感，因为他们认为情感是完全非理性的，原因是它受到无意识元素的浸染。同样地，情感发展良好，但还有直觉混在其中的人，也认为情感是非理性的功能。

只通过自己最强的功能诠释生活是人们的必然选择。有时候几乎不可能让一个人相信他无法只使用一种功能去理解超越主观的世界，不论这个功能发展的强度如何。以思维类型为例，有一位找我咨询强迫性神经症的男性，曾经给我留下深刻的印象。[1]他对我说："我并不认为你能治愈我，但我很想知道我为什么不能被治愈，因为你会看到，我真的对自己无所不知。"事实证明这是正确的，他用卓越的才智讲述自己的故事，从弗洛伊德学派的角度上看，他已经被彻底分析，因为他的过去的每一个角落，甚至到最久远的婴儿期，都不存在没有被探索到的地方。有一段时间，我自己也弄不明白为什么他不能好起来。接着我开始问他的经济状况，他刚从圣莫里茨回来，冬天在尼斯度过。"你不工作也能赚这么多钱生活吗？"我问他。他对我提出这一点感到愤怒，但最后他告诉了我真相，也就是说他不能工作，自己从来没赚过钱，但他接受了一位学校老师的支持，而这位老师比他大 10 岁。他说这和他的神经症无关，他爱这位女士，她也爱他，他们一起思考过这种状况，并认为这没有问题。我也没能使他认识到自己在这位女士面前的行为就像一头猪，当他在欧洲寻欢作乐的时候，这位女士自己是一无所有的。他离开我的办公室时，依然确信自己已经将整个事情"思考"清楚了，由于他很满意，从而结束了咨询。

但感觉的类型能够以同样的方式扭曲现实。假设一位女士爱上了自己妹妹的丈夫。他是她的妹夫，一个人是不会爱上自己的妹夫的，因此这个事实从来没有被意识到。只有他们如此被情境所控制的事实才是争论的焦点；背后的可能性必须被细致地排除在意识之外。因此他们平静地生活了 20 年，只有通过分析才发现真正的外遇事态。

我不止一次说过直觉类型会忽略现实，我相信，你们会补充大量情感类型做出类似事情的例子。如果情感上不喜欢一个东西，情感类型的人会用最大的力量忽视现实。

1 荣格 1924 年在伦敦的讲座中第一次讲到这个案例，并有更多的细节描述；见第 14 讲，页下注 1。见 "Analytical Psychology and Education" (CW 17), par. 182，以及 "Basic Postulates of Analytical Psychology" (1931), CW 8, par. 685，和 "The Tavistock Lectures" (1935), CW 18, par. 282。

由于女性与爱洛斯的连接比男性更强，因此她们倾向于持有特定的情感概念，就像男性一样，即使不理智，也倾向于有特定的思维概念。因此男性和女性之间很难相互理解。女性倾向于将情感等同于现实，而男性执着于逻辑的陈述。

到此为止，我们所讲的主体似乎不会随着时间而改变，但我们知道，身体是四维的实体，第四维即时间。如果第四维受空间的限制，那么我们的身体就像虫子一样，也就是说，是空间中的两点连线。在图 16-2 中，我呈现的是个体在空间中移动的概念，也就是在三维的空间移动。个体不应该被理解为一个静态的实体。如果我们想要有一个完整的个体概念，我们必须加上时间因素。时间意味着过去和未来，因此只有我们把一个人目前的结构同时当作过去的结果和新趋势的起点，个体才是完整的。根据这个观点，我们可以把人分为两种类型，有些人在过去的魔咒下留在过去，而另外一些人太超前了。后一种人只能通过他们的倾向理解。

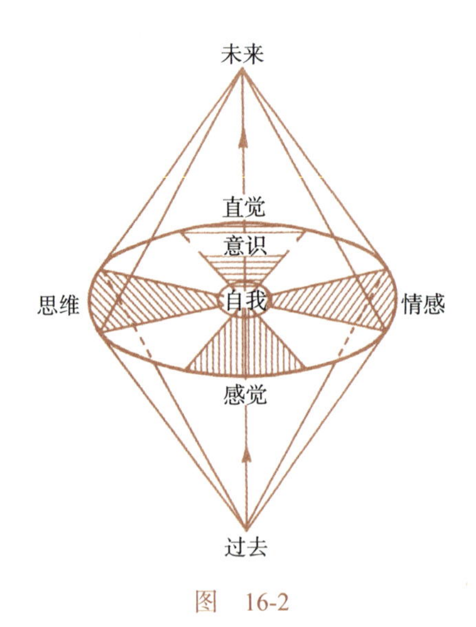

图 16-2

目前，这些图没有将无意识考虑在内。在图 16-3 中，我将这个要素考虑进来。这张图表呈现的是一个充分发展的思维类型者，在这种类型中，感觉和直觉是半意识的和半无意识的，同时情感是无意识的。这并不意味着这样的类型缺乏情感；只表示，与他的思维相比，他的情感不在他的控制之下，而是具有爆发性的特点，因此通常情况下他完全没有情感，然后在某一时刻，他突然完全被情感控制住了。

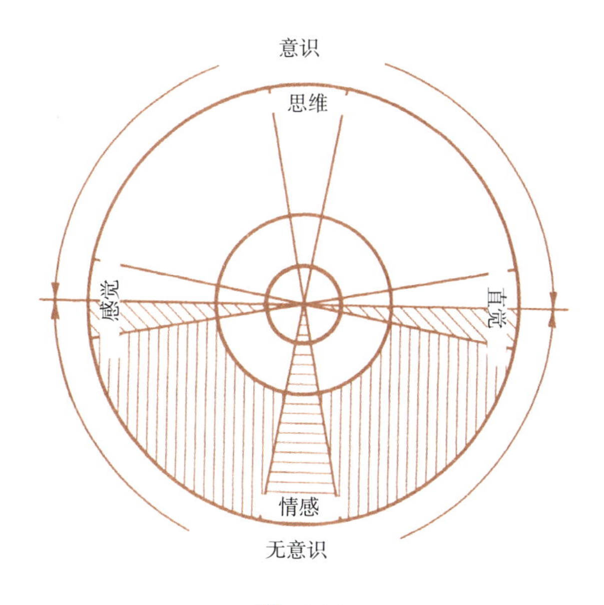

图 16-3

在图 16-4 中，我展示的是个体与外部的客体世界以及集体无意识的意象之间的关系。连接他与第一个世界（即外部的客体世界）的是人格面具，而人格面具是由内部力量和外部力量的交互作用发展出来的。我们可能以为人格面具是意识人格的外在表现。就像我们在别处指出的那样，人格面具的发展并不完全是我们的选择，因为我们永远不可能完全控制在我们意识人格中活动的力量。

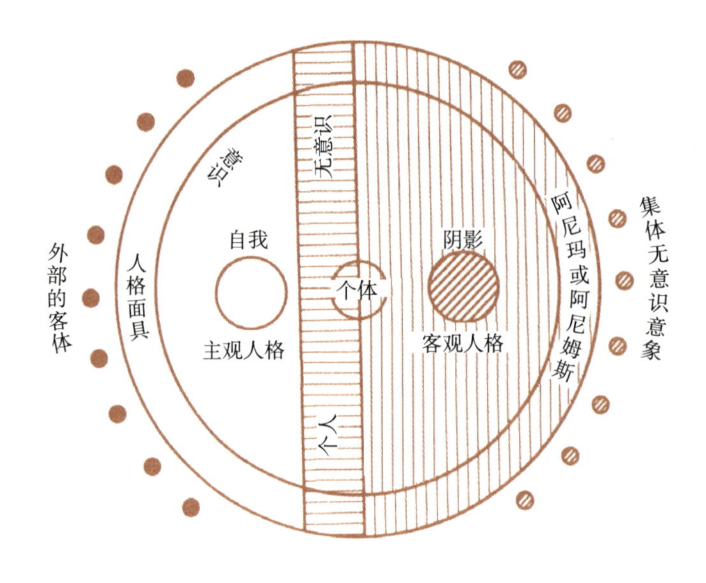

图 16-4

意识人格的中心是自我，如果我们将这个自我的表层拿掉，那么我们看到的是个人无意识，个人无意识包含的是不恰当的愿望和幻想、我们童年的影响，被压抑的性欲，简而言之，是所有那些我们出于某种原因拒绝保留在意识中的东西，或者我们失去的东西。最中间是实质的核心或管理中心，表示意识和无意识自我的整体。

接着我们来看我们身上集体无意识的呈现，这是我们携带的种族经验的一部分。这是卡皮里（Cabiri）或侏儒的来源，但我们看不到他们，否则它们不会为我们所用。[2] 在这个区域，另外一个实质的中心经常在梦中出现。

2 *2012*：卡皮里是在萨莫色雷斯岛上的密教膜拜的诸神。他们被认为是生育的催化者以及水手的保护者。格奥尔格·弗里德里希·克鲁伊策（Georg Friedrich Creuzer）和弗里德里希·谢林（Friedrich Schelling）认为他们是希腊神话中原始的诸神，所有其他的神都是从这里发展出来的（*Symbolik und Mythologie der alten Völker* [Leipzig: Leske, 1810–23]）; *Schelling's Treatise on "The Deities of Samothrace"* (1815), interpreted and translated by R. F. Brown (Missoula, MT: Scholars Press, 1977）。荣格藏有这两部作品。他们出现在歌德的《浮士德》第 2 部分，第 2 幕中。卡皮里出现在 *Liber Novus* (pp. 306, 320f., and 326f.)。

这是一个很小的自我形象，通常会被投射到朋友身上，因为无意识很容易给出这些赞美。我将它称为阴影。原始人已经发展出一系列与自己阴影的错综复杂的关系，这很好地象征了作为阴影的我（shadow self）的思想。永远不要踩到别人的阴影，因此我们一定不要提起别人的弱点，这些是让他感到羞耻的东西，因此被置于视野范围之外。古人云："不要在正午出门，看不到自己的影子是很危险的。"我们说："当你不知道自己的弱点时，一定要小心。"

我们可以将意识的自我称为主观人格，将阴影称为客观人格。客观人格构成了我们集体无意识的一部分，携带着以"作用"的形式在我们身上存在的东西。对于我们而言，我们的确会对别人起作用，但我们既不能预测也不能恰当地解释。本能提醒我们远离我们自己和种族有关的一面。如果我们觉察到我们身上祖先的生命，我们可能会崩溃。祖先可能会占有我们，并使我们死亡。原始人说："不要让鬼附身。"他们通过这句话传递出双重的含义："不要让外人进入你的无意识，但不要失去祖先的灵魂。"

原始人对我们所谓的集体无意识有很强的敬畏感，对他们而言，这是鬼魂的世界。接下来由一位探险家讲到的因纽特人的故事就是这种敬畏感的例子，这是由一位巫师讲给他的。[3] 这位探险家来到北极因纽特人的冰屋中，为了将使人生病的鬼魂或邪灵驱走，巫师在对患者念咒语。伴随着巨大的噪声，巫师像发了疯一样又跳又跑。当他看到探险家进来的时候，他变得非常安静，说："完全没有用了。"接着他把患者带到另一个巫医那里，因为在咒语进行的过程中，除巫医之外不能有任何人进入冰屋。这也是个习俗，对于正在与鬼魂斗争的巫医而言，对另一个人笑或说"整个过程完全没用"，并不是他们认为如此，而是因为他们将之视为辟邪的笑话。这句俗语在本质上是保护他们免受自己恐惧的侵扰的一种委婉的说法。

---

3 荣格的这个故事可能是来自 Knud Rasmussen，*Neue Menschen; ein jahr bei den nachbarn des Nordpols* (1907)，荣格的书房中藏有这本书，或者 Rasmussen，*Across Arctic America* (1927)，他在 *Dream Analysis* 讲座中引用过，pp.5f.（1928）。

我们对身上集体无意识的本能恐惧的确非常强。会有源源不断的幻想流将我们淹没，如果不能加以阻止，会有危险的信号出现。如果我们曾经看到这种状况的发生，我们会感到非常恐慌。我们一般没有太多关于这些东西的想象，但原始人对这一切很了解。在很大程度上，我们是与之分离并浮在上面的。

当涉及定位集体无意识的微妙任务时，你不能想象它只由大脑单独负责，也要将交感神经系统包括在内。只有来自脊椎动物遗传的一部分，也就是说，来自你的脊椎动物祖先的部分，属于中枢神经系统的范围，否则这一部分就不在你的心理范围内。非常原始的动物层是通过交感神经系统遗传的，较晚的属于脊椎动物的动物层则通过脑脊髓系统来表现。最新的人类层构成了实际的意识基础，因此集体无意识能进入意识，只有这样，你才能说集体无意识属于心理。我们希望保留“心理”这个术语，用来指那些至少在理论上可以被意识控制的元素。在此基础上，严格地说，集体无意识的主体不是心理的，而是心灵的。这个区分无论怎么强调都不为过，因为当我说集体无意识在我们的大脑“外部”时，人们一直认为我指的是，它悬在半空的某个地方。通过这个解释，你可以清楚地看到集体无意识总是通过超越主体的现实影响你，而这些事实既在你们的内部也在你们的外部。

我可以给你们讲一个集体无意识如何通过内部现实起作用的例子：假设有个人坐在门外的某个地方，一只鸟落在离他不远的地方。有一天，还在同样的地方，一只相似的鸟飞了过来。这次这只鸟以一种非常奇怪的方式扰动他，第二只鸟似乎有一些神秘的特点。这个天真的人当然认为第二只鸟带来的特别效应属于外部的世界，就像第一只鸟产生的一般效应一样。如果他是原始人，他将在两种效应之间进行区分，会说第一只鸟只是一只鸟，而第二只是一只“医生”鸟。但我们知道，“医生”鸟的特别效应来自他内部集体无意识的投射。

通常，只有通过对外部世界的投射，我们才意识到集体无意识意象，因此我们假设遇到的特别效应来自外部。对效应的分析显示出它是无意识内容的投射，因此我们能够认识到这样的内容。只要我们假设个体主要与自我或意识一致，上文提到的案例便是一个常见的例子，但如果恰好个体更多处在自己的阴影一面，那么他将无须使用投射作为中介来实现无意识内容的直接（即自主的）运动。但如果个体认同的是他正常的自我，那么即便是无意识内容的自主表现（也就是说不是通过投射，也不是外部的效应，而是从自己的内部释放）对他而言，也像处于外部世界之中。换句话说，一个人需要与无意识有非常密切的接触，并对它有很深的理解，才能认识到他的神秘体验与精神体验来源于内部，即不论这些经验以什么样的形式出现，它们实际上都不是来自外部世界的。

用我在上文提到的图，也就是图 16-4，我们能够给出分析的解释。分析师通过人格面具开始工作，致以某些正式的问候，再相互恭维一番。通过这种方式，我们来到了意识的门口，意识的内容会得到细致的检视，然后我们就来到了个人的无意识，在这里，医生通常会对在这里发现的意识之外的内容感到吃惊，因为它们对于观察者而言是很明显的。就像我在上文所讲的，弗洛伊德式的分析止于个人无意识。当你结束个人无意识的工作之后，你只是完成了对过去的因果影响的工作。接着你要进入再建构的一面，此时集体无意识将以意象的形式传递信息，对无意识客体的意识将开始出现。如果你能摧毁个人无意识建造的隔离墙，阴影便能与自我结合，个体就成为两个世界的中介。此时他能够从“另一侧”和“这一侧”看自己。在这里，仅有对阴影的意识是不可是（though），[4] 我们还必须能支配无意识的意象。此时，阿尼姆斯和阿尼玛开始活跃，阿尼玛会引入老人的形象。所有这些形象都将被投射到意识的外部世界，无意识的客体开始与外部世界的客体相对应，从而真实的客体具有了神话的特点，这意味着生命得到了巨大的丰富。

---

4 抄本在这里是混乱的，应该是“足够的”（enough）。

■ ■ ■

我经常被问到有关人格的“地质学”问题，因此我试着以这种形式描绘它。图 16-5 显示的是来自同一个层面的个体，就像从大海中出来的山峰一样。个体之间的第一个连接是家庭，之后是一定数量的家庭结合而成的部落，接着是更大的统一体国家。然后，我们会有一个将国家结合在一起的大组织，例如我们可以将许多人囊括到“欧洲人”中。继续向下看，我们便来到我们称作“猴群”（或者原始的祖先）的位置，接着是一般的动物层，最后是中心的火，如图 16-5 所示，我们仍处于和它的连接之中。[5]

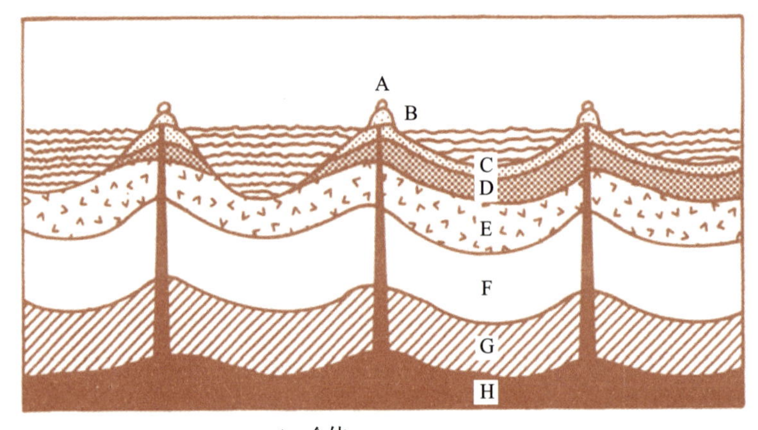

A= 个体
B= 家庭
C= 部落
D= 国家
E= 大群体（例如欧洲人）
F= 原始的祖先
G= 一般的动物祖先
H= 中心的火

图 16-5

5 抄本中的脚注：讲座中还有很多容易混淆的点，荣格医生加入了下文的补充注解材料和附录。

第 16 讲附录

对于我所讲的主体与外在客体之间的关系，以及主体与无意识意象世界之间的关系，明显还存在着大量的误解。我在讲座中加入了一些补充材料，希望能澄清这些点，但由于它们非常重要，值得我们再继续进一步探讨，即使它让我们偏离主题。为了能够获得对主体和外部客体之间关系问题的更多认识，我们现在从历史的角度来看。自古以来，这都是一个哲学家一直在争论的主题。“存在于现实当中”（esse in re）的学说是古代世界持有的观点：我们所感知到的在自身之外的一切完全是“外部的”，不受我们感知它的方式制约。这就好像是说，从我们的眼睛里散发出的光芒照亮了这个客体，使它对我们可见，而这种观点认识不到主观的维度。这就是今天没有受过教育的人所持有的观念。

紧随这个概念的是“存在于理智当中”（esse in intellectu solo）；也就是说我们看到的事物是头脑中的意象，别无其他。是否还有其他的事物存在的问题悬而未决。这会导致唯我论，使世界成为庞大的幻觉。

我们的思想是“存在于灵魂当中”（esse in anima）。[6] 这个原则既认可在我们之外世界的客观性，也坚持这样一种观点，即我们只能感知到在我们心中形成的意象，除此之外，我们无法从世界上感知到任何别的东西。我们永远看不到客体本身，我们看到的是我们投射到客体上的意象。我们肯定清楚这个意象与事物不完全相似。因此，声音毋庸置疑是由波构成，但只有波达到一定的频率，我们假设大约每秒 16 次，我们才把波感知为声音。当振动频率是 16 或更高的时候，我们完全感觉不到波，而是听到声音；频率在这

---

6 *2012*：荣格在 1921 年写道，“如果心灵没有提供其存在的价值，那么思想的意义是什么？如果心灵将其从感觉印象的决定性力量中移走，事物会有什么价值？如果现实不是我们身上的现实，那现实又是什么？生活的现实既不是事物实际的、客观的行为，也不只是由思想勾勒的，而是两者通过‘存在于灵魂当中’的过程，以及在活动的心理过程中两者的结合”。(*Psychological Types*（CW6，§77）)

之下时，我们听不到声音，但能感觉到空气在皮肤上的振动。对于光也是如此，当我们使用恰当的仪器检测的时候，会看到它的波动性，但对我们的眼睛并非如此。它显示出这个被我们感知到的世界在何种程度上是一个主观的意象，即我们内部的意象，同时，这个意象不可避免地与我们所观察的事物本体有关，其绝对本质独立于我们的感官并且我们不可能感知到它。我们所感知到的都是心灵中的意象。从这个意义上讲，甚至外部的现实也在我们的头脑中，但仅限于此，我们必须避免太过强调世界是主观意象，以免我们传递出先验唯心主义的印象，其本质上就是“存在仅在于理智当中”。

“存在于灵魂当中”认可我们世界知觉的主观本质，同时着重强调这样一个假设，即主观的意象是个体实体或意识实体和未知的陌生客体之间不可或缺的连接。我甚至认为，这种主观意象是超越功能的一种最初表现形式，而超越功能源于意识实体和陌生客体之间的张力。

我所有关于外部现实意象的讨论，也是我将对集体无意识的意象做的讨论：也就是说，它们指的是绝对存在的外部客体产生的影响，它们是心灵的反应，外部实体的意象和原型之间的唯一差别是，前者是意识的，而后者是无意识的。尽管如此，如果没有分析过程的“挖掘”，原型也会出现在所谓的外部世界中。你也可以将相同的分析过程应用到外部现实的意象中，观察它们是多么地主观。

外在现实的意象和原型之间还有更多的差异。外部现实意象构成了我们意识记忆的内容，还有我们的人为回忆，即我们的书、档案等，而原型是对主观感觉意象反应的记录。在我们的意识记忆中，我们将事物记录为主观所是的样子，并作为对事实的记忆，但在无意识中，我们记录的是对我们在意识中感知到的事实的主观反应，我认为存在这种反应的反射或反应层，它们会形成心理的分层。

我们举一个例子：基督教的长期存在给我们的无意识心理留下了某些反

应，我们姑且将它称为反应 b，这是对另外一个我们称为反应 a 的反应，也就是说，这就是千百年来我们的意识与基督教的联系。意识反应的反射，即反应 b，到达了无意识层，以原型的形式一直存在于我们的心中。

反应 b 本身已然是由原型塑造的，而这个原型也被新的沉淀塑造和重塑。再举另外一个例子：世界上最有规律的往复是日出和日落。我们的意识将这个现象作为事实记下，但我们的无意识以英雄神话的形式记录下了无数次的日出和日落，英雄神话是我们的无意识对意识中的日出和日落意象的反应方式的表现。正如反应 a 形成了外部世界的意象，那么反应 b 形成了集体无意识，我们可以将之称为一种幻想世界或反射世界。

但仅仅将宝贵的集体无意识看作“二手的”来源在某种程度上是对它的一种贬低。还有另外一种思考方式可以让我们将集体无意识设想为“一手”的现象、自成一格的东西。正如我们假设我们外部世界的意象背后有一个绝对实体，那么我们必然要假设在感知到的事物背后存在着一个实体；当我们从那个角度思考时，我们必须说集体无意识是反应 a，或第一反应，或世界的第一意象，而意识只是次发的。

《她》[7]

在之前的讲座中，雷丁先生报告了《她》的故事，以及相关人物的梗概。分析被推迟到下一次的讲座，这里是分析的记录。

哈丁博士做出了分析，她说组员都将这本书视为对过去回忆的材料，并把霍利理解为哈格德的意识面，因此借故事中呈现的材料对霍利进行分析。她给出了一个细致的分析，下文是大致的总结。

---

7 关于阅读的分组，见第 15 讲（一周前）。

霍利已经到了安定下来开始学术生活的时候；也就是说，他要投身于知识分子的绝对片面性了。就在此时，他感受到无意识的召唤。被他放弃的生活的其他所有方面，都开始孤注一掷地试图重新吸引他的注意力。这个敲门声，这份来自无意识的扰动，带来一件神秘且难以触摸到的东西，还有一个人，里奥，他迫使霍利进入一个新的生活方向。那个神秘的东西休眠了20年，现在重新出现，棺材被打开。他同意考虑无意识的内容，接着他逐层审视它们，直到遇到陶片和圣甲虫。棺材揭示出霍利的问题，即它在过去一直都被作为生命的对立面的传统道德。

里奥是霍利年轻的一面，他们现在正努力应对，朝科尔（Kor）的土地出发，也就是说，霍利越来越深入无意识，直到他发现阿尼玛形象——“她”，而她统治着所有被霍利拒绝进入心中的事物。当“她”被发现，并最终得到霍利的爱时，霍利也一度处于疯狂的边缘。他在思索将自己的无意识施加到外部世界的可能性。也就是说，“她”能够被带到英格兰吗?

在科尔的土地上的无数次冒险，都是霍利心理发展道路上的里程碑，最终在火焰柱的巨大考验中达到顶峰。霍利和里奥明智地决定不冒险接受考验。霍利还未像他所被要求的那样，准备做出根本的态度改变。但他再也不会像当初一样平凡，他已经找到一些内在的生命意义。

■ ■ ■

荣格医生：感谢组员和哈丁博士对《她》的报告。他们给出了一些很好的观点，我非常喜欢他们的报告。

现在我想提出一些批评。你们为什么认为霍利是主角？无论如何，对这一点很可能有其他的观点。我认为作者肯定想把里奥塑造成主角。这一点在第二卷中得到完美的确认，作为一个人格，里奥在这里得到了充分的发展，是关键人物。不过，作者是否在我们讨论的这一卷中成功地实现了自己的意图或这是否是他的立场，这还是一个问题，事实上，哈丁博士认为霍利是主角的观点表明哈格德并未成功。

哈丁博士：问题是否在于里奥是故事的主角还是在心理上是主角?

荣格医生：当然，整个事情都是哈格德的幻想，由于哈格德可能将自己更多投注到霍利而非里奥身上，因此我们有人或认为霍利是主角，但尽管如此，他还是在试图将里奥塑造成故事的主角。由于哈格德在现实中太像霍利，里奥便一直留在阴影中，相对来说，未得到发展；换句话说，他没有活出里奥的样子。

很不幸，陶赫尼茨（Tauchnitz）版[8]的《她》并没有包含英文版的一首诗，但这首诗事实上为哈格德与这个故事的关系提供了一个线索。在这首献给“她”的诗中，他说不是在科尔的土地上和洞穴中，也不是在任何神秘的土地上，而是在心中，他才找到了失去的爱人的坟墓，而“她”就住在那里。这显示出他想要呈现的《她》。这是一个爱情故事，我们认为这是哈格德自己的爱情故事，但并非来自意识，而是来自无意识。无论这是什么，都受到了意识经验的压抑。当然，这也是内倾作家的习惯。因此，对我们而言，《她》是很重要的，因为它引出了这些无意识的反应。作者很明显有一个从未使自己满意的独特爱情经历，这使他创作出《她》，同样的问题也出现在他的大多数作品中。这个爱情故事或许就出现在他在非洲的时候。[9]

我们可以把霍利和里奥都视为无意识人物，视为哈格德人格中的不同侧面。当你把霍利视为主角的时候，你离书的其中一个意义并不远，就像我们所说的那样；我们认为，由于哈格德已经认同霍利，他像霍利一样，可能没

---

8 《英国和美国作家选集》（*Collection of British and American Authors*），由德国一家公司出版（英文）在欧洲大陆销售，但不允许在美国和英国销售。

9 亨利·赖德·哈格德爵士（1856—1925）在回到英国和某位女继承人结婚之前的1875～1880年之间在南非担任纳塔尔担任总督。他的浪漫小说给他带来了名声和财富。

有看到自己爱情故事的重要性，而当它发生的时候，当一个人有情绪体验并拒绝认真对待的时候，这就意味着无意识材料的累积。显然哈格德就是这种情况。

我们还需要讨论一些细节。你们知道为什么会出现这部分古代的内容吗?

科瑞小姐：它来自集体无意识。

荣格医生：对的，但它为什么出现?

科瑞小姐：它早晚会在内倾者身上出现。

荣格医生：不，不一定。

施密茨先生：不能把《她》视为哈格德对整个维多利亚时代的反抗吗?特别是维多利亚时期的女性?赖德·哈格德游历各国，特别适合推翻在英格兰长大的女性的可笑思想，而提出每个女性身上都应该有一部分“她”。

荣格医生：你所讲的部分内容使我们注意到问题的关键。也就是说，如果赖德·哈格德没有去过原始的国家，那么集体无意识便不会以这样特定的方式被激活，其反应也不会如此有活力。当然，还有其他方法可以强烈地激起集体无意识。当一个人成为精神病患者的时候，他的无意识中会形成一个洞，无意识总会有机会出来，但这不符合哈格德的情况。他的无意识通过他与原始生命的接触而焕发生机。观察原始国家的生活对来到这里的文明人产生的影响是非常有趣的。据说从印度回到英国的官员都是带着烧坏的大脑回家，但这和气候无关，只是他们的生机被异域的空气吸走了。但这些人在一个一切都是相反设置的国家中试图保持自己受训的标准，压力使他们崩溃。

我曾经治疗过一些在殖民地与当地的女性保持长期的关系之后又回到自己国家的个案，有过这些经历之后，他们无法爱上欧洲的女性。他们带着各种症状前来，比如消化不良等，但实际上他们是因为当地的女性而解离。原始人会说他们丢掉了自己的灵魂。阿尔杰农·布莱克伍德所写的一本非常糟糕的书中举了一个非常好的例子，这本书的名字是《非凡的冒险》(*Incredible Adventures*)，[10] 这个故事的名字是“下埃及”(Descent into Egypt)。这位男性逐渐“消逝”了，那个作为欧洲人的他消失了。

这是赖德·哈格德的集体无意识大量涌出来的原因。事实上，正是由于这些东西是通过他与原始人的接触出现的，才使爱情问题变得复杂。但他在非洲的生活是如何使爱情问题复杂化的？

施密茨先生：或许“她”与狄更斯笔下的女性完全相反，也就是说，我们可以将她视为愿望的实现。当然他也不想要“她”这样的女性，但他会明白在某种程度上她是必需的；也就是说，为了能够保持完整性，女性必须保有原始的一面，男性也一样。

荣格医生：但是，如果他知道女性应该是什么样子，那么这会对他的问题有帮助。

施密茨先生：他并不知道，因此无意识产生了这个欲望。

荣格医生：她是在他的无意识中摸索着发展出来的。但为什么一位男性在非洲处理爱情问题的能力会下降呢？

罗伯逊先生：难道不是非洲的环境使他难以用老的方式处理自己的情感吗？

荣格医生：是的，如果你不以特殊的方式去看，可以这么理解。也就是说，这位男士对待爱情问题的态度发生了变化，这成为他的一个严重问题。

培根先生：问题不在于他将原始的阿尼玛投射到非原始的女性身上吗？

---

10 伦敦，1914。布莱克伍德（1869—1951）写了很多超自然主题的小故事，他的作品可以和古斯塔夫·麦林克的作品相比。

荣格医生：是的，正是如此，当这种情况发生的时候，非原始的女性会变得完全地歇斯底里。

整个阿尼玛的投射问题是最复杂的主题。如果男性不能投射出自己的阿尼玛，那么他会与女性隔绝。他确实可以建立一段完全体面的婚姻关系，但没有激情，他没有完全进入生活的现实。

现在回到这个故事上。你们怎么理解里奥的父亲？

哈丁博士：除了作为传说中以前的主角之一，我们并没有试图去解读他。

荣格医生：他当然不是一个核心角色，事实上当故事展开的时候他就淡出了。但这本身就很重要，因为从心理的角度上，我们知道当英雄出现的时候，父亲必须淡出，否则英雄的发展会受到严重的阻碍。我提到这一点是因为这在埃及的宗教中非常重要，而哈格德的幻想正是围绕这个主题展开的。因此欧西里斯变成统治死者的鬼，而他的儿子荷鲁斯成为冉冉升起的太阳。这是一个永恒的主题。

施密茨先生：腓特烈大帝就是一个很好的例子，说明了在儿子独立的时候需要父亲的退出，一直到他父亲去世的那一天之前，他都非常阴柔。库宾[11]也是在他父亲去世后才开始创作。

荣格医生：这确实是男性生命中最重要的时刻。通常如果儿子不是因为父亲的去世而得到释放，儿子将患上神经症。神话注意到这个重要的时刻，而这是非常重要的生命时刻；实际上，所有这些重要的生命时刻都在神话中有体现，因为神话是人类在面对问题时找到的一般解决方案。

我认为你对箱子的诠释很好。箱子中有箱子是一种螺旋式上升的过程。

11　表现主义画家和作家阿尔弗雷德·库宾与施密茨的妹妹结婚了。荣格将他的小说《另一面》（*Die andere Seite*，1909）称为“对无意识过程的直接感知的经典例子”（*Jung: Letters, vol. 1, p. 104: 19 Nov. 1932*）。

在谈到卡里克利特的爱情时，[12] 我们会发现整个故事在最遥远时代的就已经被预见了。为什么是这样？

伯廷博士：这是因为它不是一个个体的故事，而是一种原型模式的重复。

荣格医生：确实如此。这是一个永恒的真理。人要一再扮演这个角色。这是另外一个造成无意识材料涌现的原因。但被再次唤醒的是哪个原型？

这是欧西里斯、伊西斯和奈芙蒂斯的神话。神话讲的是欧西里斯和他的妹妹白昼女王伊西斯以及黑夜女王奈芙蒂斯在自己的母亲努特子宫里的故事，而他在子宫中与自己的两个妹妹有性关系。这是一个不断重复的动机，即两个人为得到英雄的爱而产生的冲突。因此我们可以看到“她”和阿莫纳蒂斯之间的冲突。在《她的归来》(*Return of She*) 中，[13] 这个冲突再次出现，这一次是在“她”和想嫁给里奥的鞑靼女王之间。这一次还是昼与夜的冲突，只有这一次“她”扮演的是伊西斯，另一个人扮演奈芙蒂斯。这是哈格德在非洲被激发出来的原型。哈格德是一个完全“令人尊重的”男性，毫无疑问他的婚姻也是非常传统的，但我们可以在他的字里行间看出他爱着另外一位女性的可能性。

在作者那里，里奥是谁？霍利的年龄比较大，他已经进入到智慧的年龄，这时候的他太老，不能够承担这个问题所涉及的风险。因此他创造出年轻的形象里奥。后者只不过是一个年轻的傻瓜，但总的来说是个绅士。他通过自己的青春补偿老霍利，使后者能够安全地参与其中。里奥总是承担风险，甚至几乎到达极限点。

那么你们知道极限的意义是什么吗？

施密茨先生：我认为这意味着激情的热度占据了头脑。

---

12 卡里克利特：并非是公元前5世纪的希腊建筑家，而是《她》中的角色。

13 *Haggard, Ayesha, or the Return of She*（1895）。

荣格医生：那么这是什么意思呢？疯狂，正如俗语所说，到处都是。我几乎没有看到过对集体无意识没有那种反应的人。起初，过去看起来是死的，但当我们更加接近的时候，它就将我们占有。以老房子为例，我们起初会对这个古董感到高兴，接着神秘的氛围逐渐在它周围聚集，我们不知不觉地就遇上了“鬼”。房屋的某些东西将我们的无意识激活了。只要注入一点力比多，集体无意识便会为我们带来巨大的吸引力。我们可以看到历史的力量对我们的精神的影响，这又是另外一个例子。

雷丁先生：沃尔特·斯科特就是一个意识的适应被过去吞噬了的例子，因为当他搬到阿伯茨福德的时候，他就开始生活在历史中，也就是说，他失去了自己所有的财产和引导自己生活的力量。[14]

科瑞小姐：“她”说自己的王国是想象出来的。

荣格医生：是的，当你沉浸在想象中的时候，你实际上就从这个世界上消失了。很快你将不再能够解释自己，那么通往精神病院的大门就为你敞开了。这就是为什么当集体无意识接近的时候，你必须学会某种表达形式，从而创造出通往现实的桥梁。否则个体就没有什么可以抓住的，从而成为被释放的力量的猎物。当人们迷失在集体中的时候，你可以为他们提供一种可以表达自己想法的形式，他们就能借此再次变得正常。

那么，这就是极限点的危险之处，它是由原始力量造成的。原始层非常厚，可以很轻易地压垮你。

我认为你对约伯的诠释很正确，也就是，平常的、正确的人乐于迷失。这相当于说霍利永远不能再成为老先生了。里奥接受“她”的斗篷是对约伯的损失的补偿。他因此得以成形；但只有在霍利放下自己传统的一面之后

---

14 斯科特在1811年买下自己在阿伯茨福德的房产，在1814年发表威弗利系列小说的第一部，并在1826年破产。

(例如约伯),里奥才从“她”那里收到这个东西。

你们还没谈到尤斯坦。

哈丁博士: 那是因为已经有很多要谈的内容了,她似乎相对不是很重要。

荣格医生: 是的,她实际上已经去世。

我觉得你们对诺特、巴拉利和诺特的处理很正确,也就是说,将他们看作智慧老人形象。霍利是他们当中最接近人类的形象。哈格德倾向于通过霍利将自己等同于智慧老人,但在霍利的形象中,更多的是迂腐而非真正的智慧。在里奥即将去世的时候,霍利应该去探索坟墓,这是很典型的。

你们说到关于独角兽和鹅的段落,这是在哪里?

哈丁博士: 不,不是独角兽,而是一只在狮子和鳄鱼搏斗后被射杀的鹅。那只鹅头上有一根刺,我认为它与独角兽有关。

荣格医生: 正如你所指出的,杀死鹅的动机和圣杯故事中的动机是一样的。这是即将发生事情的征兆或预兆,古人总认为即将发生的事情就像投在他们面前的阴影一样。这里有一只动物被杀死了,实际上这是一种神话的动物,也就是本能。当它被杀死的时候,有些人会变得有意识。在帕西瓦尔(Parcival)的故事中,[15] 无意识的英雄帕西瓦尔通过射死天鹅而变得有意识。

---

15 帕西维尔(Percivale)、帕西瓦尔或帕西法尔(Parsifal),亚瑟王传奇中寻找圣杯的英雄,通过沃尔夫拉姆·冯·艾森巴赫(Wolfran von Eschenbach)的诗歌和瓦格纳的戏剧为荣格所知,荣格在多处引用这两部作品。(荣格在写给弗洛伊德的一封信中提到了帕西法尔,1908 年 12 月,117J,并在《转化与象征》中提到圣杯,1912;见 *Psychology of the Unconscious*, ch.6, n.36, and CW5, par. 150, nn.577, 60。也见 Types, CW6, par. 371ff.)显然,艾玛·荣格是在本次研讨会举办的那一年开始研究圣杯传奇的:见玛丽-路易斯·冯·弗兰兹(Marie-Louise von Franz)为荣格夫人 1955 年去世时未完成并由冯·兰兹完成的 *The Grail Legend* (orig. 1960; tr. Andrea Dykes, New York and London, 1971) 的序言(p.7)。根据冯·弗朗茨的说法,为了尊重他妻子的兴趣,荣格没有对圣杯传奇和炼金术之间的联系进行研究。2012:帕西法尔在 *Liber Novus* (p.302)中出现。

在《她》中，主角们清醒地认识到他们前方非凡的事物。鸟是一种精神动物，从象征的角度上讲，无意识在精神中。

我们继续谈永生的主题，它与阿尼玛的问题密切相关。我们通过与动物建立关系才有机会获得更清醒的意识，它促使对作为意识和无意识的整体的原我的领悟，这种领悟带来对先天以及后天获得的构成原我的单元的认识，也就是说，一旦我们同时理解意识和无意识的意义，我们就会意识到那些已经进入我们的生活构成中的祖先生活。

之后，你将不仅会意识到你身上的前人类阶段，还会意识到动物的部分。这种集体无意识感让你感到生命无尽的更新。生命从世界朦胧的黎明中降生，一直继续。因此，当我们完全领会原我的内涵时，就会有一种永生感。即使在分析中，这样的时刻也可能会到来。这是个体化的目标，即达到延续个人生命的意义。这给人一种在地球上的永生感。

正如哈丁博士所指出的，这些人还没准备好迎接火柱。“她”的整个现象还未被同化，他们还有任务要完成，他们必须要与无意识有新的接触。

《邪恶的葡萄园》

曼博士为组员报告了《邪恶的葡萄园》。这里只给出她对故事的心理一面所做的概括。从现实的角度来看，这个故事讲述的是一段没有真正联结的婚姻。书中的玛丽压抑了自己作为女人的本能，与拉蒂默结婚，因为他代表的是理智世界，这让她完全着迷。她对他没有爱，甚至害怕他。拉蒂默比她大 20 岁，想在她身上寻找青春的延续；他对她只有性欲，而没有情感。他在结婚之前就体验过一种奇怪的感觉，这种感觉由于炮弹休克而发展成神经症，他在神经症中重新体验了一个传奇的意大利雇佣兵的罪行。

由于拉蒂默代表玛丽投射的无意识，简而言之，他是她的阿尼姆斯形象，玛丽完全没有力量从他身上解脱出来，直到她真正爱上另一个人。

从象征意义上讲，这个故事讲的是一位女性屈服于阿尼姆斯邪恶的一面，最终被即将到来的积极一面拯救的故事。从始至终，玛丽在心理层面上和作者是同一个人。

荣格医生认为组员没有理解此书更深的心理意义，而他们没有成功的原因是他们认为拉蒂默在遇到玛丽的时候是不正常的。他认为，没有足够的证据能够证明这一点，并且，这种解读对这个故事的理解过于狭隘了，组员应该从更深的水平上理解这本书。

荣格医生：我想听听男性组员的观点。培根先生？

培根先生：我感兴趣的是，我想如果我能正确地阅读这些象征，那么我就能从作者那学到很多东西，但我感觉自己做不到。我认为她肯定有一些不愉快的经历，这本书反映出的是她的私人问题。

荣格医生：我认为把这本书视为关于作者本人的故事是错误的。我们实在不知道作者在多大程度上是从内在动机出发的，以及她在多大程度上受到“铁屋”（Casa di Ferro）[16] 传奇的影响。她似乎在瑞士生活过，并对瑞士的生活相当了解。如果她使用的是事先准备好的故事情节，那么很难说这反映了作者的症状。所以我认为我们可以忽略与作者的冲突有关的直觉。从这个角度去理解《她》可能更为合适，但在这里这种联系非常模糊。最好从主角的角度上理解这个故事，就像哈丁博士对霍利的分析一样。因此我会从女孩的角度上分析本书，接着从拉蒂默的角度分析。从这两个方面看，会有非常不一样的东西出现。据我了解，没有书可以让我们在作者和阿尼姆斯形象之间建立直接的联系，但这里呈现了该问题中的重要部分。我们可以假设作者已

16　生活在 15 世纪，经常被称作“铁城堡”（Castello di Ferro），位于马焦雷湖畔洛迦诺郊区的米努西奥，见 *Kunstdenkmaler der Schweiz*, vol. 73（Basel, 1983）, pp. 219ff.。

经把女性的心理引入到女主角身上，因此我们可以试着重建那位女性的经历和阿尼姆斯的发展。

曼博士，你认为拉蒂默是一个合适的阿尼姆斯形象吗？

曼博士：是的，因为他是一个有力量的形象。

荣格医生：我认为更接近事实的是，他变成了一个有权力的形象。首先，他是一个有学问的人，她把他当作智慧的源泉，一个代表智慧的人。阿尼姆斯并不一定是有力量的形象。相反，阿尼玛通常是一个有力量的形象。她一开始就以这样的方式出现。

但女性对智慧的反应并不一定是一种对力量的反应，就像你们所报告的那样。这是一种相当合理的渴求。我认为作者试图在这里呈现的是一个在精神层面上匮乏的女孩，并合理地在一位年长的男性身上寻找自己缺乏的东西。当然，这个世界上的人总会从这种情境中创作出爱情故事，不让女孩在男性身上寻找除了爱之外的任何东西。当这样的事情在现实中发生在男性身上时，他很有可能做出错误的假设。显然，在大多数的情况下，这个假设是正确的而不是错误的。尽管如此，我们必须承认在很多严肃的情况下，女孩可能对学习感兴趣。所以，我认为玛丽是去拉蒂默那里寻求信息的。

接着悲剧开始了。他不会假设她会对知识感兴趣，而是认为她想要他的爱情，只是假装对知识感兴趣从而引诱他上钩。这是一个悲剧的冲突。他没有看到她真正感兴趣的东西，所以他把她带入一个陷阱。然后她犯了错误，她没有意识到自己的本能，也完全不喜欢他。她有义务告诉他，是他犯了一个错误，但她只是任由他与自己结婚，从来没有说自己不爱他。

由于她无视自己的本能，因此它们开始在黑暗中生长。接着阿尼姆斯开始起作用，从这一刻起，他开始在她的无意识过程中加入了一点邪恶的成分。在此之前她一切正常，她将自己的阿尼姆斯投射给眼前的拉蒂默。这是一件简单的事情，如果情况得到认真的处理，一切都会很顺利。但是，拉蒂默对待她的态度完全是错误的，因为这是盲目的。拉蒂默没有认识到她对自己的真实想法，并且错误地假设她想找自己做情人。一个清晰认识到自己本能的男性不会犯这样的错误，但很明显他是一个理智的人，生活在阿尼玛完全被压抑的精神中。当拉蒂默遇到她的时候，所有被压抑的阿尼玛都到了她的身上，他从来没有停下来弄清楚现实状况。但她不愿承担他的投射，不久他就开始感觉到她身上出现了一些他不能理解的东西。我们在那里感受到的是阿尼玛和阿尼姆斯的战斗。

我们首先看冲突中的玛丽。她犯了一种无知的罪，因为她没有意识到自己的本能。大自然不会把无知视为借口，只是将其视为罪恶进行惩罚。她任由事态发展，而自然并不在乎这个人是带着恶意选择错误的方式，还是只是被动地陷入其中。我们可以说玛丽本能的无知是一种遗传而来的罪恶，因为她的整个教育都是在沿着排除生命知识的方向发展。她的家人尽可能地使她保持无意识，她对女人必须要扮演的角色一无所知。尽管她对拉蒂默撒谎，但她是相当无辜的。她表现得好像是他的妻子，但事实并非如此。

在这样的婚姻中，男性一开始就会出现强烈的性欲爆发。男性的原始部分被唤醒了，因为他必须战胜女性，从而使她为自己的本能服务。当然这是完全错误的、绝对错误的，但他是被驱使的，任何人都会这么做。女性成为古老女性的形象，接着男性的动物欲望被唤起了。非洲某些地方的黑人女子会骄傲地展示她们在与男性发生关系时留下来的伤疤，而男性会变得相当残暴。但受过教育的男性很难无限期地保持这种状态，这让拉蒂默崩溃，他开始在性方面变得无能。

只要女性能够一直被压制，那么她就会像动物一样活着，成了残暴的受害者，并从中获得某些动物性的满足感。但她并不像男性一样能容忍这种状态，因此她崩溃了。

接下来会发生什么？我们会说，没有出口的力比多会变成无意识的肿块。它变成鸡蛋，她孵它，并将其孵化出来。那么鸡蛋中有什么？是女性的本能。幻想开始围绕年轻男性的形象形成，他将会将她从暴君那里解放出来。这个幻想随着她成为残酷暴君的囚徒这一主题而进一步加深。我经常看到这样一个关于年轻男性的幻想材料，还有年长的男性将小鸟放入镀金笼子的幻想。

她沉迷于这些幻想，一直沉思，但不知道为什么。在这种情况下，几乎没有任何女性会有清醒的意识。也许在她四五十岁之后，她能够觉醒，并知道她心中正在发生的事情，但通常情况下，她仍然对这一切一无所知。那么无意识的性幻想开始形成，它们制造出能够形成无意识情结的奇妙材料。这始于个人无意识。她本应该在第一次的性经历中得以理解，许多女性都是以这种方式进入意识的。但当残酷的性行为出现的时候，更深的人格层会被打开。这会让人直接回到猿猴时代。此时力比多离开表面进入更深的地方。

当女性到达这一点的时候，她将开始使用历史材料包装幻想。她不会说“我的丈夫强迫我”，而是开始以古代故事的形式演绎这个悲剧，这个历史的元素指向集体无意识。接着我们必须要确定为何发生在这个特定的历史时期，在该书中是中世纪。在这里，是因为所涉及的特定心理属于中世纪的视角。然而，如果我们回溯历史，寻找开始压抑阿尼玛的点，会远远超越中世纪，从基督教退回异教时代。这对我来说是一个过于错综复杂的主题，我不会展开讨论，但我相信，对阿尼玛的压抑与人类的集体驯化问题有关。为了国家的形成，阿尼玛需要被压抑。这就是为什么在《她》中卡里克利特的故事最早出现在古代，但没有巴比伦和埃及那么早，因为严格地说，这两个国家都还没有国家的概念。在这两个国家，国王被视为与诸神平级，就像我们在巴比伦的神庙中看到的一样：一端是国王，另一端是神。一些埃及的雕塑描绘的是国王向诸神发出命令。国家当然不会在这种情况下出现，这只是由超自然人格用恐惧对族群的统治。在希腊的城邦中，也不存在这样的东西，但我们也是在那里找到了国家的源头。如果阿尼玛处于统治地位，国家就无法形成。可是，压抑是如何出现的呢？比如，你们有合约，你们承诺不会在诸如此类的情况下去战斗，你们放下自己的武器，不再大声说话；你们非常有礼貌，你们不会踩另一个人的影子。原始人就是这么做的，这样宽容才有机会得到发展。通过这些传统，男性的阿尼玛开始被压抑。

在这本书中，本能被压抑的原因在于中世纪的心理，我们必须回到中世纪去找出为什么。你们对这个主题有什么想法吗？

施密茨先生：女性本能的压抑是否源于男性在战争期间想要保持女性贞节的愿望？

荣格医生：是的，但你必须解释在这些时期被夸大的贞节观念。

施密茨先生：如果我们回溯到母系社会，就不存在女性的贞节观念；但当父系社会逐渐形成的时候，男性开始对他们的孩子建立父权感兴趣，因此产生对妻子的贞节观念，并通过贞节传递出很强的处女思想，例如雅典娜。

荣格医生：你将处女崇拜和夸大的贞节观念联系了起来。我完全同意这一点。这种崇拜带来的是非常残酷的强制贞节的手段，如果你回到原始部落，即使当时通行的是很严格的一夫一妻制，当男性离开的时候，大众想当然地认为女性是不可靠的，但他们不会过于注意，除非男性在很大程度上依附于妻子。原始人认为女性不完全是忠诚的，但原始人丈夫不会特别在意。只要不从她那里将她丈夫夺走，女方也不会在意丈夫与其他女性的交往。换句话说，当时并没有表现出那么多的嫉妒，而贞节的思想带来嫉妒。

培根先生：在尼加拉瓜的原始人中，[17] 丈夫非常嫉妒自己的妻子，事实上，他会因此变得非常残暴。

17 培根在年轻的时候生活在尼加拉瓜；见他的自传，*Semi-centennial* (New York，1939)。

荣格医生：是的，有些部落的思想可以解释特定的情况，但当你研究一般的情况时，你会发现我所说的是正确的。当然还有其他的例子表明，不忠会受到严厉的惩罚。我们对贞节夸大的感觉也带来了类似的残酷性。原始的惩罚通常特别残忍，就像猎巫的做法所表现的一样。但在这一点上，我们的法律又是怎样呢？在公元 700 年，烧死女巫是不被允许的；但 700 年后，一直到 1796 年，女巫一直在被烧死。它随着劳瑞坦派祈祷文(Lauretanian Litany)[18] 的出现而达到顶峰，其表现的是圣母崇拜的高潮。当这种像猎巫一样的暴行出现在社会中时，这意味着在心理层面上，本能受到了折磨，而事实上，本能受到极度重视贞操的折磨，紧随其后的是真正地狱般的折磨。

因此，本书中的这些中世纪的幻想可以通过本能被完全压抑的事实来解释。这些行为在昂立科·冯·布鲁嫩（Henrico von Brunnen）的时代很常见，而这些时代的意象又被唤醒了。作为谋杀妻子和她情人的杀手，他为玛丽的无意识幻想材料塑造了一个合适的形象，而玛丽认为自己是一个食人魔的囚徒。现在，当这个幻想正在形成的时候，它们会渗透到心灵中，而集体无意识会被激活，人们会对此做出反应，我指的是任何一个与这样的人密切相关的人。这就好像是被激活的集体无意识在发出影响别人的波。这个故事中的丈夫对妻子身上集体无意识的激活做出了回应。他被不能理解的东西困住，当他变得焦躁不安的时候，他便被妻子的这些集体幻想所纠缠。他不知道它们属于哪里，在他彷徨游荡的时候，他来到“铁屋”这个地方。我知道这个地方，实际上这里非常特别；人们想知道它是什么，并感觉到与它有关的传说的真相。

当拉蒂默看到它的时候，他身上发生了一些事情。他对自己说：“就是这个地方，我就是昂立科·冯·布鲁嫩这个人。”当一个原型被触发的时候，

18 也被称为圣母玛利亚祈祷文（Litany of Loreto，16 世纪）。关于祷文和分析，见 *Types* (CW 6)，pars. 379，390ff.，406。

紧接着会立即出现一个信念，这是一种非同寻常的体验。如果你的伴侣的幻想进入你的心中，你就要为此负责；如果你碰触到构成幻想的现实，你会像拉蒂默那样说："我就是昂立科·冯·布鲁嫩，这就是我的形式。"这给他带来平静，但同时他必须活在其中。他陷入幻想的咒语中，并被它控制。他不再是自己，而是自己的无意识。因此他在实施谋杀的时候就死去了，他自己并没有去这么做，而这是自然使其发生的。

总而言之，我们在这个故事中看到女性对男性完整的无意识投射，即阿尼姆斯的运作，以及对爱情的悲剧性的否定。所有被压抑的本能性力比多激活了更深层的无意识，并由此产生我们所看到的幻想系统，直到投射到这位男性身上，他（落入）它的咒语中，并将其表现出来。这就是从女性角色决定的角度看待这个故事的方式。如果我们从这位男士的角度上看，它又会变得不一样。

在他结婚之前，拉蒂默过着一个学者的生活，他完全将阿尼玛压抑。然后他出去寻找"她"，并在这个可爱的年轻女孩身上找到了她。他身上青春的感觉被扰动了，他发现这个女孩处于离奇的无意识状态，充满奇怪的模糊感，也意识不到自己的本能，因此她成为他投射阿尼玛的绝佳机会。进入这样一个模糊又模棱两可的框架，你可以释放任何想象，和她一起玩。她通过保持安静实现他的愿望。她变得越模糊，就越有机会扮演阿尼玛的角色。她越融入阿尼玛的角色，他在现实中就越难接近她。接着他开始做出取代现实的假设。他完全看不清她，她也变得比月光还难以捉摸。她拒绝了爱情，因此他开始寻找这个他找不到的东西。他开始在欧洲各地寻找这个未知的东西。因为她将所有的力比多从他身上撤回，开始编织情人的幻想，幻想这个情人会将自己从拉蒂默那里拯救出来，他的妻子对他而言完全是不忠的。事实上，他开始确信她在事实上对他不忠，并开始在夜里提防情人。因此对阿尼玛的怀疑随之出现，他在陷阱中越陷越深。最后，他把她锁了起来。为了摆脱将自己撕成碎片的折磨，他被迫做了所有这些事情。

德·安古洛博士：我能理解你所说的，拉蒂默在和玛丽结婚时是一个正常人，但组员所说的就没有丝毫合理性吗？也就是说，在见到她的时候，拉蒂默已经分裂，由于他的片面性，他在遇到她之前就已经不正常了。他在战争中的经历完全将他淹没，接着他便生活在自己的无意识中，最终导致他认同自己就是昂立科·冯·布鲁嫩。那么玛丽就是他生命中的一个小插曲，使他精神错乱的是他不能表达自己的情感。正是因为当她遇到他的时候，他是如此地不真实，所以他才成为玛丽的阿尼姆斯形象。

荣格医生：不，我认为没有理由认为拉蒂默从一开始就是不正常的。所以，这只是一种托词，因为它不能解释任何事情。

《亚特兰蒂斯》

培根先生宣读了组员的《亚特兰蒂斯》报告。组员对正确的心理学诠释持不同的观点。一种观点认为，这本书呈现的是伯努瓦心中精神面和物质考量倾向之间的冲突。例如，有人认为，为了撰写“畅销书”，他有意地滥用了无意识的信息。从这个角度上看，安蒂尼亚并没有被当作阿尼玛形象（也就是无意识幻想的创造物），而被视为多半是为文学效果而建构的。

组员中的另一种观点认为，这本书代表了伯努瓦心中理性和非理性之间的冲突，而非精神和物质立场之间的冲突。

奥德里奇先生的观点与这两个都不同，他的报告比较小众，他勇敢地为安蒂尼亚辩护，认为她不仅是一个真正的阿尼玛形象，而且是具有积极意义的象征。根据他的观点，安蒂尼亚既不是一个好女人，也不是一个邪恶的女人，但所有方面组合起来是完整的。他的报告总结如下：

“一个完整的男性是一个完整女性的天然补充。由于书中的男性没有得到完整的发展，或者拒绝将自己本性中更多的面给她，他可能会以为安蒂尼亚会惩罚他。在伯努瓦的浪漫故事中，主角被分成两部分：他的感官一面被圣阿维（Saint-avit）人格化，而莫朗格（Morhange）代表一种幼稚的但又传统的精神性。实际上，主角对安蒂尼亚说，‘我为你献上我的感性面，因为天性使我这么做；但我不想让你参与到我的精神一面，因为根据传统的道德，对女人的爱和精神性是对立的，不能和解’。自然地，这激发了安蒂尼亚心中的魔鬼，对于任何一位拥有个体性的女性而言，这都会产生同样的效果。很明显，对于男性而言，合适的女性能够为他的发展阶段做出补充：母亲适合孩子，妻子适合在世界上赢得地位的男性，而交际花（hetaira，完全发展的女性，也是志同道合的同伴）适合已经取得完整个体性的男性，也即智者。对于智者而言，安蒂尼亚就是一个讨人喜欢的同伴，但对于一个还未从骑士阶段走出来的男性而言，她是不合适又致命的，就像妻子对于孩子一样。”

■ ■ ■

荣格医生：这本书最有趣的点是它和《她》的不同之处，培根先生，不是吗？

培根先生：是的，我在试图理解差异的时候有些困惑，但其中有一点是，伯努瓦的这本书十分强调奢侈的主题。

拉耶夫斯基小姐：不止如此，即使是在安蒂尼亚身上，也有一种非常显著的感官主义。

荣格医生：是的，如果你考虑到外部的细节，就能发现两本书之间有巨大的差异。就像你所说的，在《亚特兰蒂斯》中，有一种奢侈的氛围，住所的美丽和人们感知的方式都得到了描述，从而细节得以呈现，而《她》中相应的特质都很少得到处理。伯努瓦直言不讳地突出了美学。我们不能想象一位盎格鲁－撒克逊作家对这些物理细节会过分关注。事实上，哈格德十分关注这些方面。例如，他曾描述过一次在十分荒谬的情境下的下午茶，但当哈格德写这个的时候，就有一种廉价感。这是一种属于运动员的感官享受，而伯努瓦的风格是属于沙龙的。

当你提到《亚特兰蒂斯》的感官享受时，你已经说到一些东西，但还有更大的差异。伯努瓦充分承认性欲的地位，而在哈格德那里，它总是以棘手的形式出现。在伯努瓦的作品中，性欲起到了很大的作用，而在哈格德的所有作品中，它显然是在背景中的。我们可以说法国和盎格鲁－撒克逊作家在这里的立场是截然相反的。我们不能假设盎格鲁－撒克逊人的观点是唯一一个与宗教和谐共处的观点，我们必须假设法国人的观点也有道理。因此，我们有必要详细讨论一下态度的问题。为了做到这一点，我们必须关注安蒂尼亚。我不确定班内的同学是否对安蒂尼亚的形象有了一个清晰的认识。培根先生，你能描述一下安蒂尼亚和“她”都有哪些不同吗？

培根先生：安蒂尼亚是一个比“她”更具有生理性的客体，“她”非常模糊，而安蒂尼亚充满动物般的欲望。

奥德里奇先生：对我而言，“她”是捉摸不透的，而安蒂尼亚是一个真实的女人。我认为我是组员中唯一一个不认为安蒂尼亚是毒药的成员。如果作者能够控制住自己，不从一个分裂人格的角度描写她，他会发现安蒂尼亚是一个非常好的女孩。

荣格医生：但你必须承认一个充满死人的沙龙是一个糟糕的笑话。

奥德里奇先生：啊，但她使他们得到了永生。

荣格医生：我必须说这种观点有点儿过于乐观，但是事实是，如果将她所处的环境考虑在内，安蒂尼亚[19]的确通常是被贬低的，这是没有必要的。

19 抄本：“Atlantide”。

她是一个全能的女王，能让自己的每一种情绪和心血来潮都得到满足。这样一个东方的女王可以非常残忍，但不邪恶。如果我们将她和其他类似的类型进行比较，她就没有那么糟糕了。而且，她还处在艰难的环境中。她是一位没有受到教育干扰的女性，她可以完全释放自己，但我们不应该认为这是最好的事情。她能够看到并欣赏自然的价值，她在智力上是聪明又受过教育的，但她没有受过有关崇高价值的教育。当然，我们可以怀疑这些崇高价值是否是有价值的，但认为它们能够被完全忽略便是一个错误。如果我们将“她”和安蒂尼亚进行比较，我们可以看到悲剧就笼罩在价值问题上。“她”在承认它们之前遭受了千年的折磨，但安蒂尼亚的情况没有那么极端，她能够承认或看到它们的存在，因此她不去抗争，我们能看到安蒂尼亚处在一个比“她”更低的水平上。因此我们会同情后者。安蒂尼亚拥有原始女性的所有魅力，以及女性具有的所有情欲力量和本能；而在“她”身上，这在某种程度上是不存在的，因为“她”已经受到事物的影响。

我们必须记住，安蒂尼亚不是一个真正的女人，而是一个法国人的阿尼玛，我们在这里可以看到法国人和盎格鲁－撒克逊人之间的典型差异。如果有本书能够解释这一差异，那就是这本书。我想听听你们对这一点的看法。你们是如何解释这个特别的差异的？

施密茨先生：我相信法国人和盎格鲁－撒克逊人之间的差异，以及法国人和其他欧洲人的差异，源于他们与异教徒世界之间关系的差异，而法国人是唯一一个与这个世界有直接联系的民族。当罗马人征服高卢的时候，他们用罗马文化将其包围。因此，当基督教到来的时候，它发现法国是一个与德国不同的文明国家。德国人抵制罗马文化，所以他们的传统与异教世界之间没有连续性。基督教认为我们是野蛮的，我们的异教徒传统依然保留着野蛮的元素。这种差异一直贯穿整个法国文化。

荣格医生：施密茨先生所讲的非常正确。这就是法国人和盎格鲁－撒克逊人的观点存在差异的原因。高卢在早期是文明的。在德国和盎格鲁－撒克逊还处于最原始的发展状态时，高卢就包含了丰厚的罗马文化。那时候，即便是巴黎也是一个文明的地方，还有来自高卢的诗人，甚至皇帝。换句话说，这是一个丰富的文明，古高卢人已经被罗马人同化，凯尔特语消失了，日耳曼部落也被罗马人同化，所以也接受了罗马文明。基督教就根植在这个基础上，而不像在德国，不会根植在野蛮人上。因此罗马和中世纪的心态之间存在着绝对的连续性，没有中断，甚至某些早期的教堂神父也都是法国人。

除罗马文化外，还有一种强烈的希腊文化影响了法国东南部的罗纳河谷，而且地中海文化的影响很早就在那里出现了。所有这些来自异教的影响都有一种特别的效应：它们强化了文化中古老的层次，以至于基督教都无法消灭它。对于地中海周围的人而言，或多或少都是同样如此，也就是说，它们比基督教徒保留了更多异教的特点。但法国人很难接受这一点，因为法国人认为他们是虔诚的天主教徒。从某种意义上说，他们确实如此，即使最心怀疑虑的人也是虔诚的天主教徒。否则，伏尔泰和狄德罗就不会被他们接受。因此，人们能够以一种消极的方式成为天主教徒，但很乐于用愤怒的语言对抗之前最崇敬的事物。

教会内部人士的态度最积极。他们以天主教为中心，因为他们认为它能包容生命。但在天主教的范围内，异教依然存在，因此我们在最具信仰的法国人心中也能发现对性欲的充分认识。今天，他们认为性行为与道德无关（amoral）。[20] 很明显这个观点是被接受的，道德几乎与这个问题无关。男性经常去教堂，但又保持着他们认为合适的性行为，因为在他们眼里性行为和道德无关。这就是性在法国受到特殊待遇的原因。

我认为这种特有的差异解释了“她”和安蒂尼亚之间的不同，而且由于安蒂尼亚拥有如此鲜明的性格，我们可以重新建构作者的一些意识，并欣赏

20 抄本：“a moral”。

现代的法国人。

还有一些人对法国人的心理有更多的了解。以书中的勒梅日为例，她是一位纯粹的理性主义者，却以一种完全非理性的方式生活，这是法国人的一种典型性格。法国精神的一个特征是在行为中允许极致的非理性，我们在任何地方都无法看到如此多的滑稽人物，但他们的观点依然是理性的。

接着我们谈谈书中的毕洛斯基伯爵，尽管他是一位波兰人，但他是“第三帝国”中典型的法国人，巴黎的常客。他的形象和莫朗格形成了鲜明的对比，莫朗格对教会的轻浮态度在毕洛斯基对“高尚生活”的轻浮态度中得到了补偿。两者之间的中间人物是勒梅日。这样的对立总需要妥协，而这是通过理性调节实现的。但这里的生命力太少了，所以圣阿维特的加入是为了提供性情和激情。

法国人总是让自己“得体”，如此，他便可以运用一整套的修辞手法，还有一系列精彩的词汇，并以完美的风格组合在一起，接着他就心满意足了。

奥德里奇先生：根据我对他的理解，莫朗格只有一种非常弱的精神性，我不相信他曾经有过宗教情感。

荣格医生：你是盎格鲁－撒克逊人，他是天主教徒。我们永远不会知道圣心（Sacré-Coeur）[21]对他们意味着什么，也不知道他们如何能够对圣母的意象感到振奋。

我们可以说《亚特兰蒂斯》有一种特殊的氛围，与《她》完全不同。我对这一点的感受非常深刻，不知道你们是否也有这种感觉。当我们在读这部作品的时候，我们会问自己：“它会带来什么？”它对你们意味着什么？

---

21 巴黎蒙马特的圣心大教堂，在6年前（1919年）被封为圣地，具有强烈的宗教象征意义；或罗马的天主教徒对圣心的奉献。

芝诺女士：在我看来，它是死亡而不是生命。

培根先生：对我而言，这是一种难以名状的小气感，它的结尾就像是在为续集做铺垫。

芝诺女士：我认为“她”的形象是将虚幻和现实连接起来的努力，而安蒂尼亚仍被困在虚幻中，也就是无意识中。

荣格医生：你已经触及了一些重要的东西。安蒂尼亚并没有尝试接触世界，也不让世界接触她；而“她”正在计划统治世界，用某种方式去接触世界。这是盎格鲁－撒克逊人的特性，我指的是有接触世界并统治世界的欲望。这在英格兰很普遍，50 年后的美国可能也会如此，但法国人的观点是保持原样。法国人真的不关心统治世界，这不过是被拿破仑这个并非真正的法国人的人带来的一种装模作样的想法，例如主宰欧洲的想法。法国人关心的是自己的国家。

因此安蒂尼亚坚持留在原地也就不足为奇了。我对这个问题的真正感受是它没有希望，它会重复一百次，然后整个事件走向终结。安蒂尼亚将会死去，带着她所有的皇室之美和合适的装饰品一起出现在王座上。这是一种神化，我们可以在电影的结尾看到类似的场景，即荣耀的思想。在一个供奉殒命英雄的万神殿中，一切都以虚荣的野心结束。

然而，《她》在最后有一种巨大的期待感，我们不知道是什么，但未来可期。造成法国人和盎格鲁－撒克逊人的阿尼玛之间巨大差异的原因是后者有希望的神秘一面，因此“她”的精神力量感比安蒂尼亚的多。

安蒂尼亚身上的所有这些要素都被她的出身排除了。当然，理性的怀疑是对原型功能的巨大贬抑。这又是“只不过”（nothing but）[22] 的精神。价

---

22 荣格沿用的威廉·詹姆斯的一个术语：见“A Contribution to the Study of Psychological Types”(1913; CW 6), par. 867。

值因此从原型中消失了。这种理念认为:“你不能把自己建立在原型之上,最好完全不要发展原型的概念,它的根基是不安全的。”这是一个特有的事实,在对法国人的分析中要考虑到这一点,让他们足够认真地对待原型是很难的,他们的理性主义在任何时候都能阻挡他们。他们对所有事物都有一个确切的看法,并知道它到底是什么。他们在那场战斗中筋疲力尽,由于知道一切是如何运作的,他们倾向于贬低灵魂的真实价值,并假设一切都是古文明的结果。这是他们在中世纪时不得不采取的态度,是对古代力量的一种补偿。基督教在开始的时候并不足以支撑他们,而这种理性主义支持了教会,这种理性主义和教会之间的关系是盎格鲁 – 撒克逊人很难理解的。

德・安古洛博士:你可以讲一下组员在报告中提出的安蒂尼亚并非无意识形象而是被刻意置于无意识中的观点吗?

荣格医生:我认为安蒂尼亚的一部分是有意识的,另一部分是无意识的。当盎格鲁 – 撒克逊人说她被个人无意识扭曲的时候,他评论的是安蒂尼亚特定的种族特点。

荣格女士:你可以用你论述阿尼玛和永生之间关系的方式讲一讲阿尼姆斯与永生的关系吗? [23]

荣格医生:阿尼姆斯似乎只能追溯到 14 世纪,而阿尼玛可以追溯到遥远的古代,但关于阿尼姆斯,我必须说我也完全不确定。

荣格女士:在我看来,阿尼姆斯并非永生的象征,而是运动和生命的象征,正是男性的态度赋予了阿尼玛的不同一面。

---

23 1931 年 11 月,艾玛・荣格在苏黎世心理学俱乐部的讲座中讲的是阿尼姆斯的问题。相关论文以《灵魂的现实性》(*Wirklichkeit der Seele*)为题出版(Psychologische Abhandlungen 4; Zurich, 1934); tr. C. F. Baynes, “On the Nature of the Animus,” *Spring*, 1941; reprinted in E. Jung, *Animus and Anima* (New York, 1957), pp. 1-44.

荣格医生：确实，阿尼姆斯通常由移动的形象代表，例如飞行员或交通管制员。也许从历史事实的角度看，女性的确更为稳定，因此在她们无意识中有更多的运动。

施密茨先生：当然，在母系社会时期，不存在阿尼姆斯的压抑。

荣格医生：这是肯定的。

芝诺女士：诸神的形象承载着永生的思想，不是吗？由于它们还是阿尼姆斯形象，并会进入到女性的梦中，我认为我们可以说阿尼姆斯也带有永生的意义。

荣格医生：是的，确实如此，但阿尼姆斯和阿尼玛之间依然存在着巨大的差异。

施密茨先生：个体身上存在永生吗？

荣格医生：不，只有作为意象的永生。永生属于阿尼玛的孩子。只要阿尼玛还未生产，她便承载着永生；当她生产的时候，她便死去。阿尼玛和阿尼姆斯的问题过于复杂，我们在这里就不进行讨论了。

索引

1. 通用索引

1 索引部分的所有页码均为原英文书页码，页码中所带的“n”是指注释。——编者注

2. 案例

按照报告的顺序排列。这些都是荣格提到的案例，但并不一定是由他治疗的。

1. H·普莱斯维克、梦游者和灵媒。
2. 模仿修鞋动作的女性精神病患者。
3. B.St.，患有早发性痴呆和妄想的女性。
4. 谋杀未遂的偏执律师。
5. 跳进皇后马车的年轻瑞士人。
6. 试图描绘圣灵的雕刻家。
7. 与丈夫在日本团聚后发疯的女性。
8. 不希望得到单调乏味的东西的富有病人。
9. 在树上看到猪的男性酒鬼。
10. 说孩子“恰好是个偶然”的母亲。
11. 在不知情的情况下住到妓院的直觉型女孩。
12. 感觉功能很弱的直觉型病人。
13. 有救世主幻想的男性。
14. 年轻的美国人，他的画作显示出对立的斗争。
15. 出生在南美的奥地利神经症男孩，他差一点儿被教授教唆犯下谋杀罪。
16. 神学生，对成为牧师有疑虑。
17. 患有强迫性神经症的男性，他被一名年长的女性供养着，认为自己的情况已经被分析完了。

3. 梦、幻想和幻象

按照报告的顺序排列。如没有特别说明，这些梦、幻想和幻象都是荣格的体验。

1. 弗洛伊德的梦，但荣格不能透露它的主题。
2. 有很多楼层和地下室的房子（原文在《转化的象征》一书中）。
3. 放射虫。
4. 海关官员的鬼魂即弗洛伊德，以及十字军战士。
5. 佛罗伦萨的凉廊；白鸽变成小女孩。
6. 欧洲陷入灾难的幻想。
7. 幻想：女性的声音（斯皮勒林？）说他创作的是艺术。
8. 挖洞的幻想、进入洞穴中、血泉。
9. 杀死西格弗雷德。
10. 凯库勒苯环的幻象。
11. 彼得·布洛布斯的梦。
12. 以利亚和莎乐美的幻象。
13. 在弥撒期间冲入教堂的牛。
14. 梦到黑色和白色魔法师的神学生。

4. 引用和讨论的荣格作品年代表

原始出版物或相关文章的发表日期。

1896～1899《饶芬吉亚讲座集》(*The Zofingia Lectures*,《荣格全集 A》)

1902 《论所谓超自然现象的心理学与病理学》(“Zur Psychologie und Pathologie sogenannter occulter Phänomene”), M.D. 埃德译(之后构成《荣格全集第 1 卷》)

1904～1909《字词联想研究》(“Studies in Word Association”,《荣格全集第 2 卷》)

1906 《精神分析和联想实验》(“Psychoanalysis and Association Experiments”,《荣格全集第 2 卷》)

1906 《癔症的研究》(*Studies on Hysteria*,《荣格全集第 4 卷》)

1907 《早发性痴呆的心理学》(“The Psychology of Dementia Praecox”,《荣格全集第 4 卷》)

1908 《精神病的内容》(“The Content of the Psychoses”,《荣格全集第 4 卷》)

1908 《癔症的研究》(*Studies on Hysteria*,《荣格全集第 4 卷》)

1912 《力比多的转化与象征》(*Wandlungen und Symbole der Libido*, 即 *Psychology of the Unconscious*,《无意识的心理学》, B.M. 欣克尔译, 1916)

1912 《精神分析理论》(“The Theory of Psychoanalysis”,《荣格全集第 4 卷》)

1913 《心理类型研究》("A Contribution to the Study of Psychological Types",《荣格全集第 6 卷》)

1916 《无意识的结构》(La Structure de l' inconscient，即 The Structure of the Unconscious ,《荣格全集第 7 卷》)

1916 《无意识的心理学》(*Psychology of the Unconscious*)，见 1912,《转化的象征》(*Wandlungen*)

1916～1917《分析心理学论文集》(*Collected Papers on Analytical Psychology*)

1917 《无意识过程的心理学》(*Die Psychologie der unbewussten Prozesse*，即 "*The Psychology of the Unconscious Processes*" 1917 年译)

1918 《论无意识的心理学》(On the Psychology of the Unconscious《荣格全集第 7 卷》)

1921 《心理类型》(*Psychological Types*, H.G. 拜恩斯译，1923)(之后成为《荣格全集第 6 卷》)

1923 波尔泽斯讲座(Polzeath Seminar)

1925 斯旺纳奇讲座(Swanage Seminar)

1925 《作为一种心理关系的婚姻》("Marriage as a Psychological Relationship",《荣格全集第 17 卷》)

1927 《心与地》(Mind and Earth,《荣格全集第 10 卷》)

1928 《分析心理学两论：正常和病态心理中的无意识，自我与无意识的关系》(*Two Essays in Analytical Psychology: The Unconscious in the Normal and Pathological Mind I The Relations between the Ego and the Unconscious*，C.F. 拜恩斯和 H.G. 拜恩斯译，之后成为《荣格全集第 7 卷》)

1928 《分析心理学与教育》("Analytical Psychology and Education",《荣格全集第 17 卷》)

1928 《分析心理学论文集》(*Contributions to Analytical Psychology*, C.F. 拜恩斯和 H.G. 拜恩斯译)

1928～1930 《梦的分析讲座》(*Seminar on Dream Analysis*, 1983 年出版)

1929 《黄金之花的秘密》(*The Secret of the Golden Flower*, C.F. 拜恩斯译，1931，之后被收录在《荣格全集第 13 卷》中)

1931 《分析心理学的基本假设》(“Basic Postulates of Analytical Psychology”,《荣格全集第 8 卷》)

1932 《毕加索》(“Picasso”)

1933 《寻找灵魂的现代人》(*Modern Man in Search of a Soul*, 拜恩斯 / 戴尔译)

1934 《集体无意识的原型》(“Archetypes of the Collective Unconscious”,《荣格全集第 9 卷》)

1934～1939 《尼采的〈查拉图斯特拉如是说〉讲座集》(*Seminar: Nietzsche's Zarathustra*, 1988 年出版)

1934 《塔维斯托克演讲集》(“The Tavistock Lectures”,《荣格全集第 18 卷》)

1937 《佐西默斯的幻象》(“The Visions of Zosimos”,《荣格全集第 13 卷》)

1939 铃木大拙的《禅宗导论》序言(Foreword to Suzuki's *Introduction to Zen Buddhism*,《荣格全集第 11 卷》)

1946 《移情的心理学》(“The Psychology of the Transference”,《荣格全集第 16 卷》)

1950 《易经》的序言(Foreword to the *I Ching*,《荣格全集第 11 卷》)

1950 《曼陀罗的象征》(“Concerning Mandala Symbolism”,《荣格全集第 9 卷》)

1952 《转化的象征》(*Symbole der Wandlung*,《荣格全集第 5 卷》)

1962	《回忆·梦·思考》（*Memories, Dreams, Reflections*，亚菲编）
1973	《荣格通信集》(*Letters*，阿德勒 / 亚菲编)，第 1 卷
1974	《弗洛伊德与荣格通信集》（*The Freud/Jung Letters*，麦圭尔编）
1977	《 C.G. 荣格演讲集》（*C. G. Jung Speaking*，麦圭尔 / 霍尔编）
1979	《荣格：文字与意象》(*Jung: Word and Image*，亚菲编)

编者：赫伯特·里德爵士、麦克尔·福德汉姆和格哈德·阿德勒。执行主编：威廉·麦圭尔。翻译：R. F. C. 霍尔（1974），第2卷除外；参见第6卷。

[1]1.《精神病学研究》

论所谓超自然现象的心理学与病理学（On the Psychology and Pathology of So-called Occult Phenomena）（1902）

论歇斯底里的误读（On Hysterical Misreading）（1904）

潜在记忆（Cryptomnesia）（1905）

论躁狂情绪障碍（On Manic Mood Disorder）（1903）

一则被拘禁囚犯的歇斯底里昏迷案例（A Case of Hysterical Stupor in a Prisoner in Detention）（1902）

论假装的精神失常（On Simulated Insanity）（1903）

关于一则假装精神失常的医学观点（A Medical Opinion on a Case of Simulated Insanity）（1904）

关于两个相互矛盾的精神病诊断的第三和最后一份意见（A Third and Final Opinion on Two Contradictory Psychiatric

1 1957年出版，1970年第2版。

Diagnoses)(1906)

论事实的心理诊断（On the Psychological Diagnosis of Facts)(1905)

[1]2.《实验研究》

利奥波德 · 斯坦与戴安娜 · 里维埃合译。

《词语联想研究》(1904 ～ 1907，1910)

正常被试的联想（荣格与 F. 里克林)(The Associations of Normal Subjects）

一例癫痫病患者的联想分析 (An Analysis of the Associations of an Epileptic)

联想实验中的反应时间比（The Reaction-Time Ratio in the Association Experiment）

记忆能力的实验观察（Experimental Observations on the Faculty of Memory）

精神分析和联想实验（Psychoanalysis and Association Experiments）

证据的心理学诊断（The Psychological Diagnosis of Evidence）

联 想、 梦 和 歇 斯 底 里 的 症 状（Association, Dream, and Hysterical Symptom）

联想实验的心理病理学意义（The Psychopathological Significance of the Association Experiment）

联想实验中的再现障碍（Disturbances in Reproduction in the Association Experiment）

联想法（The Association Method）

家庭的集聚（The Family Constellation）

1 1973 年出版。

《心理物理研究》(1907 ～ 1908)

论联想实验中的心理物理关系(On the Psychophysical Relations of the Association Experiment)

使用电流计和呼吸描记器对正常和失常个体的心理物理研究(F·彼得森和荣格)(Psychophysical Investigations with the Galvanometer and Pneumograph in Normal and Insane Individuals)

对正常和失常个体的电流现象和呼吸的进一步研究(C·里克舍和荣格)(Further Investigations on the Galvanic Phenomenon and Respiration in Normal and Insane Individuals)

附录：征兵的统计资料(Appendix: Statistical Details of Enlistment)(1906)、犯罪心理学的新方面(New Aspects of Criminal Psychology)(1908)、苏黎世大学精神病诊所使用的心理学研究方法(The Psychological Methods of Investigation Used in the Psychiatric Clinic of the University of Zurich)(1910)、论情结学说(On the Doctrine of Complexes)([1911]1913)、论证据的心理学诊断(On the Psychological Diagnosis of Evidence)(1937)

[1]3.《精神疾病的心理起源》

早发性痴呆的心理学(The Psychology of Dementia Praecox)(1907)

精神病的内容(The Content of the Psychoses)(1908/1914)

论心理学的理解(On Psychological Understanding)(1914)

对布洛伊勒的精神分裂抗拒症理论的批判(A Criticism of Bleuler's Theory of Schizophrenic Negativism)(1911)

论无意识在心理病理学中的重要性(On the Importance of the Unconscious in Psychopathology)(1914)

1 1960 年出版。

论精神疾病的心理起源问题（On the Problem of Psychogenesis in Mental Disease）(1919)

精神疾病和心灵（Mental Disease and the Psyche）(1928)

论精神分裂症的心理起因（On the Psychogenesis of Schizophrenia）(1939)

关于精神分裂症的最新思考（Recent Thoughts on Schizophrenia）(1957)

精神分裂症（Schizophrenia）(1958)

[1]4.《弗洛伊德与精神分析》

弗洛伊德的癔症理论：对阿萨芬堡的回应（Freud's Theory of Hysteria: A Reply to Aschaffenburg）(1906)

弗洛伊德的癔症理论（The Freudian Theory of Hysteria）(1908)

梦的分析（The Analysis of Dreams）(1909)

论谣言的心理学（A Contribution to the Psychology of Rumour）(1910～1911)

论数字梦的意义（On the Significance of Number Dreams）(1910～1911)

莫顿·普林斯，"机制和释梦"：一则批评性评论（Morton Prince, " The Mechanism and Interpretation of Dreams" : A Critical Review）(1911)

论精神分析的批判（On the Criticism of Psychoanalysis）(1910)

论精神分析（Concerning Psychoanalysis）(1912)

精神分析的理论（The Theory of Psychoanalysis）(1913)

精神分析概览（General Aspects of Psychoanalysis）(1913)

精神分析和神经症（Psychoanalysis and Neurosis）(1916)

一些精神分析要点：荣格博士和罗伊博士的一则通信（Some Crucial Points in Psychoanalysis: A Correspondence between Dr. Jung and Dr. Loÿ）(1914)

《分析心理学论文集》的前言（Prefaces to "Collected Papers on Analytical

---

1 1961 年出版。

Psychology”)(1916，1917)

父亲在个体命运中的意义（The Significance of the Father in the Destiny of the Individual)(1909/1949)

克朗菲尔德的《精神的秘密道路》的引言（Introduction to Kranefeldt’s “Secret Ways of the Mind”)(1930) 弗洛伊德与荣格：对比（Freud and Jung: Contrasts)(1929)

[1]5.《转化的象征》(1911 ～ 1912/1952)

附录：米勒的幻想（With Appendix: The Miller Fantasies）

[2]6.《心理类型》(1921)

R.F.C. 霍尔对 H.G. 拜恩斯译本的修订版

包括四篇心理类型学的论文 (1913, 1925, 1931, 1936)

[3]7.《分析心理学两论》

论无意识的心理学（On the Psychology of the Unconscious)(1917/1926/1943)

自我与无意识的关系（The Relations between the Ego and the Unconscious)(1928)

附录：心理学的新道路（Appendix: New Paths in Psychology）(1912)；

---

1 1956 年出版，1967 年第 2 版。

2 1971 年出版。

3 1953 年出版，1966 年第 2 版。

无意识的结构（The Structure of the Unconscious）（1916）

8.《心灵的结构和动力》[1]

论心灵的能量（On Psychic Energy）（1928）

超越功能（The Transcendent Function）（[1916]/1957）

情结理论回顾（A Review of the Complex Theory）（1934）

心理学中的体质和遗传的意义（The Significance of Constitution and Heredity in Psychology）（1929）

决定人类行为的心理要素（Psychological Factors Determining Human Behaviour）（1937）

本能和无意识（Instinct and the Unconscious）（1919）

心灵的结构（The Structure of the Psyche）（1927/1931）

论心灵的本质（On the Nature of the Psyche）（1947/1954）

梦的心理学（General Aspects of Dream Psychology）（1916/1948）

论梦的本质（On the Nature of Dreams）（1945/1948）

精神信仰的心理基础（The Psychological Foundations of Belief in Spirits）（1920/1948）、精神和生命（Spirit and Life）（1926）

分析心理学的基本假设（Basic Postulates of Analytical Psychology）（1931）

分析心理学和人生观（Analytical Psychology and *Weltanschauung*）（1928/1931）

现实和超现实（The Real and the Surreal）（1933）

生命的阶段（The Stages of Life）（1930～1931）

灵魂与死亡（The Soul and Death）（1934）

共时性：一种非因果的关系原则（Synchronicity: An Acausal Connecting

1 1960年出版，1969年第2版。

Principle)(1952)

附录：论共时性（Appendix: On Synchronicity)(1951)

[1]9. 第一部分，《原型和集体无意识》

集体无意识的原型（Archetypes of the Collective Unconscious)(1934/1954)

集体无意识的概念（The Concept of the Collective Unconscious)(1936)

论原型，并特别提到阿尼玛的概念 (Concerning the Archetypes, with Special Reference to the Anima Concept)(1936/1954)

母亲原型的心理面 (Psychological Aspects of the Mother Archetype) (1938/1954)、论重生（Concerning Rebirth)(1940/1950)

儿童原型的心理学（The Psychology of the Child Archetype)(1940)

科莱女神的心理学（The Psychological Aspects of the Kore)(1941)

童话中的精神现象学 (The Phenomenology of the Spirit in Fairytales) (1945/1948)

论小丑形象的心理学（On the Psychology of the Trickster-Figure)(1954)

意识、无意识和个体化（Conscious, Unconscious, and Individuation)(1939)

个体化过程的研究（A Study in the Process of Individuation)(1934/1950)

曼陀罗的象征（Concerning Mandala Symbolism)(1950)

附录：曼陀罗（Appendix: Mandalas)(1955)

[2]9. 第二部分，《移涌》(1951)

原我的现象学研究（Researches into the Phenomenology of the Self)

1　1959 年出版，1968 年第 2 版。

2　1959 年出版，1968 年第 2 版。

[1]10.《变迁中的文明》

无意识的作用（The Role of the Unconscious）(1918)

心与地（Mind and Earth）(1927/1931)

古代人（Archaic Man）(1931)

现代人的精神问题（The Spiritual Problem of Modern Man）(1928/1931)

一个学生的爱情问题（The Love Problem of a Student）(1928)

欧洲的女性（Woman in Europe）(1927)

心理学对现代人的意义（The Meaning of Psychology for Modern Man）(1933/1934)

当今的心理学状态（The State of Psychotherapy Today）(1934)

《时事论文》的前言和后记（Preface and Epilogue to "Essays on Contemporary Events"）(1946)

沃坦（Wotan）(1936)

灾难之后（After the Catastrophe）(1945)

与阴影的斗争（The Fight with the Shadow）(1946)

未被发现的原我（现在和未来）（The Undiscovered Self (Present and Future))(1957)

飞碟：现代的神话（Flying Saucers: A Modern Myth）(1958)

心理学的良心观（A Psychological View of Conscience）(1958)

分析心理学中的善与恶（Good and Evil in Analytical Psychology）(1959)

伍尔夫的《荣格心理学研究》的引言（Introduction to Wolff's "Studies in Jungian Psychology"）(1959)

欧洲光谱中的瑞士线（The Swiss Line in the European Spectrum）(1928)

对凯泽林的《美国解放》和《世界革命》的评论（Reviews of Keyserling's "America Set Free" (1930) and "La Révolution Mondiale" (1934))

1 1964 年出版，1970 年第 2 版。

美国心理学的复杂性（The Complications of American Psychology)(1930)
印度的梦幻世界（The Dreamlike World of India)(1939)
印度能教给我们什么（What India Can Teach Us)(1939)
附录：文件（Appendix: Documents)(1933 ～ 1938)

[1]11.《心理学与宗教：西方和东方》

西方宗教

心理学与宗教（Psychology and Religion)(1938/1940)

三位一体教条的心理学理解（A Psychological Approach to the Dogma of the Trinity)(1942/1948)

弥撒中转化的象征（Transformation Symbolism in the Mass)(1942/1954)

怀特的《上帝与无意识》和韦尔布罗斯基的《路西法和普罗米修斯》的前言（Forewords to White's "God and the Unconscious" and Werblowsky's "Lucifer and Prometheus")(1952)

克劳斯兄弟（Brother Klaus)(1933)

心理治疗师或神职人员（Psychotherapists or the Clergy)(1932)

精神分析和灵魂治疗（Psychoanalysis and the Cure of Souls)(1928)

答约伯书（Answer to Job)(1952)

东方宗教

对《西藏度亡经》和《中阴得度》的心理学评论（Psychological Commentaries on "The Tibetan Book of the Great Liberation"(1939/1954) and "The Tibetan Book of the Dead"(1935/1953))

瑜伽与西方（Yoga and the West)(1936)

---

1 1958 年出版，1969 年第 2 版。

铃木大拙的《禅宗导论》的前言（Foreword to Suzuki's " Introduction to Zen Buddhism"）(1939)

东方冥想的心理学（The Psychology of Eastern Meditation）(1943)

印度的圣人：齐默的《原我之路》的引言（The Holy Men of India: Introduction to Zimmer's "Der Weg zum Selbst"）(1944)

《易经》的序言（Foreword to the "I Ching"）(1950)

[1]12.《心理学与炼金术》(1944)

英文版前言的注（Prefatory note to the English Edition）([1951?]added 1967)

炼金术中的宗教和心理问题导论（Introduction to the Religious and Psychological Problems of Alchemy）

个体的梦中与炼金术有关的象征（Individual Dream Symbolism in Relation to Alchemy）(1936)

炼金术中的宗教思想（Religious Ideas in Alchemy）(1937)

后记（Epilogue）

[2]13.《炼金术研究》

《黄金之花的秘密》的评论（Commentary on " The Secret of the Golden Flower"）(1929)

佐西默斯的幻象（The Visions of Zosimos）(1938/1954)

作为一种精神现象的帕拉塞尔苏斯（Paracelsus as a Spiritual Phenomenon）(1942)

1 1953年出版，1968年完全修订后出版第2版。

2 1968年出版。

精灵墨丘利（The Spirit Mercurius）(1943/1948)

哲人树（The Philosophical Tree）(1945/1954)

[1]14.《神秘结合》(1955 ～ 1956)

对炼金术中心理对立的分离与合成的研究

结合的组成部分（The Components of the Coniunctio）

悖论（The Paradoxa）

对立的人格化（The Personification of the Opposites）

国王和王后（Rex and Regina）

亚当和夏娃（Adam and Eve）

结合（The Conjunction）

[2]15.《人、艺术和文学中的精神》

帕拉塞尔苏斯（Paracelsus）(1929)

医生帕拉塞尔苏斯（Paracelsus the Physician）(1941)

历史背景中的弗洛伊德（Sigmund Freud in His Historical Setting）(1932)

纪念弗洛伊德（In Memory of Sigmund Freud）(1939)

纪念卫礼贤（Richard Wilhelm: In Memoriam）(1930)

论分析心理学与诗歌的关系（On the Relation of Analytical Psychology to Poetry）(1922)、心理学与文学（Psychology and Literature）(1930/1950)

"尤利西斯"：一段独白（"Ulysses" : A Monologue）(1932)

毕加索（Picasso）(1932)

1 1963 年出版，1970 年第 2 版。

2 1966 年出版。

[1]16.《心理治疗实践》

心理治疗的一般问题

实用心理治疗的原则（Principles of Practical Psychotherapy）（1935）

什么是心理治疗（What Is Psychotherapy?）（1935）

现代心理治疗的一些方面（Some Aspects of Modern Psychotherapy）（1930）

心理治疗的目标（The Aims of Psychotherapy）（1931）

现代心理治疗的问题（Problems of Modern Psychotherapy）（1929）

医学和心理治疗（Medicine and Psychotherapy）（1945）

当今的心理治疗（Psychotherapy Today）（1945）

心理治疗的基本问题（Fundamental Questions of Psychotherapy）（1951）

心理治疗的特殊问题

宣泄的心理治疗价值（The Therapeutic Value of Abreaction）（1921/1928）

梦的分析在实际中的应用（The Practical Use of Dream-Analysis）（1934）

移情的心理学（The Psychology of the Transference）（1946）

附录：实用心理治疗的现实性（Appendix: The Realities of Practical Psychotherapy）（[1937]added, 1966）

[2]17.《人格的发展》

一个孩子的内心冲突（Psychic Conflicts in a Child）（1910/1946）

威克斯的《儿童灵魂的分析》的引言（Introduction to Wickes's "Analyse

1 1954 年出版，1966 年修订并扩展后出版第 2 版。

2 1954 年出版。

der Kinderseele")(1927/1931)

儿童的发展与教育(Child Development and Education)(1928)

分析心理学与教育:三次讲座(Analytical Psychology and Education: Three Lectures)(1926/1946)

天才儿童(The Gifted Child)(1943)

无意识在个体教育中的意义(The Significance of the Unconscious in Individual Education)(1928)

人格的发展(The Development of Personality)(1934)

作为一种心理关系的婚姻(Marriage as a Psychological Relationship)(1925)

[1]18.《象征的生活》

杂文(Miscellaneous Writings)

[2]19.《C.G. 荣格作品的参考书目》

[3]20.《全集的索引》

[4]《饶芬吉亚讲座集》

《全集》的补充卷 A,威廉·麦圭尔编,简·范·胡尔克译,玛丽–路

1 1976 年出版。

2 1979 年出版。

3 1979 年出版。

4 1983 年出版。

易斯·冯·法兰兹作序。

相关出版物

《C.G. 荣格通信集》

格哈德·阿德勒与阿尼拉·亚菲选编，R.F.C. 霍尔译。

《第 1 卷》：1906 ～ 1950

《第 2 卷》：1951 ～ 1961

《弗洛伊德与荣格通信集》

威廉·麦圭尔编，拉尔夫·曼海姆与 R. F. C. 霍尔译。

《C.G. 荣格演讲集：采访与邂逅》

威廉·麦圭尔与 R. F. C. 霍尔编。

《C.G. 荣格：文字与意象》

阿尼拉·亚菲编，克里希那·温斯顿译。

《荣格的主要作品》

安东尼·斯托尔选编并作序。

C. G. 荣格的研讨会笔记

[1]**《梦的分析》**(1928 ～ 1930)

威廉·麦圭尔编。

1 1984 年出版。

[1]**《尼采的〈查拉图斯特拉如是说〉》(1934 ～ 1939)**

詹姆斯·L.贾勒特编（两卷本）。

[2]**《分析心理学》(1925)**

威廉·麦圭尔编。

《儿童的梦》(1936 ～ 1941)

洛伦兹·荣格编。

1 1988 年出版。

2 1989 年出版。

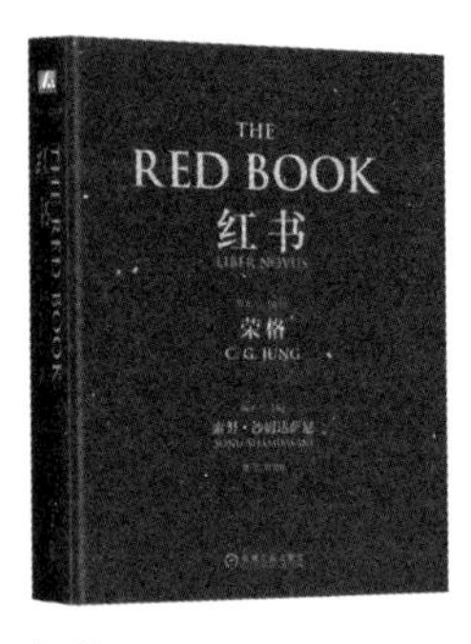

THE
RED BOOK
红书
荣格
C.G. JUNG

寻找内在的自我
马斯洛谈幸福
FUTURE VISIONS

抑郁症
DEPRESSION

Ellis
理性生活指南

当尼采哭泣

多舛的生命
正念疗愈帮你抚平压力、疼痛和创伤
FULL CATASTROPHE LIVING

身体从未忘记

Internal Family Systems Therapy, Second Edition
部分心理学
IFS创始人
权威著作

The Sense of Style
风格感觉

荣格分析心理学及精神分析

《红书》

作者：[瑞士] 荣格 原著 [英] 索努 · 沙姆达萨尼 编译 译者：周党伟

匪夷所思的艺术珍宝，突破人类审美极限的美，国内首次授权，时隔50年揭开心理学史秘密，探秘大师如何成为大师。心理学大师荣格超核心作品，资深荣格学者呕心沥血13年考证解读，理解心理学不得不读的一本书

《荣格分析心理学导论》

作者：[瑞士] C. G. 荣格 著 [美] 威廉 · 麦圭尔 编 （1989年版）
[英] 索努 · 沙姆达萨尼 编（2012年修订版） 译者：周党伟 温绚

分析心理学的起点和基础；荣格思想理论来源；《红书》姊妹篇；荣格生前鲜少公开提及的《红书》内容、公开谈自己与弗洛伊德的关系；荣格学者周党伟译作；读不懂《红书》，可以先读这本，了解荣格从这本开始

《精神分析的技术与实践》

作者：[美] 拉尔夫 · 格林森 译者：朱晓刚 李鸣

精神分析临床治疗大师、“工作联盟”概念提出者拉尔夫 · 格林森代表作；资深精神分析学者、教师李鸣教授翻译作序。精神分析治疗技术经典，国外多所高校心理治疗教材，中德精神分析连续培训项目推荐教材

《创伤与依恋：在依恋创伤治疗中发展心智化》

作者：[美] 乔恩 · G. 艾伦 译者：欧阳艾莅 何满西 陈勇 等

美国贝勒医学院精神病学教授、美国门宁格诊所高级心理学家乔恩 · G. 艾伦扛鼎之作。学会在创伤中理解自己并创建安全的依恋关系，是内心安全的基石。

《情绪心智化：连通科学与人文的心理治疗视角》

作者：[美] 埃利奥特 · 尤里斯特 译者：张红燕

荣获美国精神分析理事会和学会图书奖。本书重点探讨如何帮助来访者理解和反思自己的情绪体验，以及呼吁心理治疗领域中科学与文学的跨学科对话。